당차고 용기있게
딸 성교육 하는 법

일러두기 이 책은 저자와의 인터뷰로 구성했습니다.

당차고 용기있게 딸 성교육 하는 법

성교육 전문가 손경이 박사의 딸의 인생을 바꾸는 50가지

손경이 지음

시대에듀

머리말

딸 성교육, 당차고 용기있게

◇ ◇ ◇

아들 성교육을 다룬 첫 책을 2018년 봄에 내고서 저는 참 많은 관심과 사랑을 받았습니다. 여러 방송사며 신문사, 잡지사에 소개되었을 뿐 아니라, 관계교육연구소(www.손경이.com) 대표로 활동하며 강연과 상담 활동도 더 활발히 하게 되었습니다. 기관의 외부자문위원으로 성폭력 피해자를 도와주는 일도 많이 하게 되었고요. 무엇보다도 독자분들에게 "책 읽고 정말 도움이 됐어요." 하는 말씀을 들을 때가 가장 뿌듯했습니다.

그런데 제게 이런 말씀을 하는 분들도 많더라고요. "저는 딸을 가진 부모인데 딸을 위한 성교육은 어떻게 하면 좋을까요?" 나아가 이런 질문도 참 많이 받았습니다. "아들 성교육 책을 냈으니다음으로 딸 성교육 책은 안 내시나요?”

혹시 저 자신이 아들 엄마라서 딸 성교육 책은 안 내는 건가, 생각하시는 분도 있던데 그것은 오해입니다. 물론 아들 성교육 책이 저의 개인적인 경험에서 출발한 것은 맞아요. 저는 아들을 낳고서 제 아들만큼은 가부장적인 아버지와 남편과 달리 ‘좋은 남성’으로 키우겠다고 다짐하고 그 방법으로서 성교육을 시작했습니다. 그렇게 하다 보니 어느새 성교육 강사 겸 젠더감수성 강사가 되었고, 아들과 성교육 유튜브 동영상도 찍게 되었고, 책도 내게 되었습니다.

하지만 그렇다고 제가 딸 성교육에 할 말이 없는 것은 전혀 아니거든요. 오히려 그동안 성교육 강사로서 많은 딸들과 딸 부모님들을 만나 교육하다 보니까 경험에서 우러나오는 말이 쌓이고 쌓여 왔습니다.

다만 고민되는 점은 있었습니다. 제가 아들 성교육 책에서도 언급했고 이 책의 본문에서도 언급했는데요, 딸이든 아들이든 성교육의 기본적인 원칙은 동일합니다. 다만 아들 성교육의 핵심 키워드는 ‘존중’이고 딸 성교육의 핵심 키워드는 ‘주체성’이라는 점이 다르지요. 우리 사회가 딸과 아들을 다른 식으로 대하다 보니, 성교육은 역으로 달라야 하는 부분도 있는 것입니다.

그렇기 때문에 아들 성교육 책에 담은 내용 중 어느 정도는 딸 성교육 책에도 마찬가지로 담게 된다는 점이 고민이 되었어요. 행여 독자분들이 보기에 내용을 반복하는 것으로 비추어질까 봐 염려한 것이지요.

하지만 그런 걱정에도 이 책을 준비한 것은 성교육 강사로 활동하면서 학교 현장에서 만난 대한민국 딸들의 얼굴이 떠올랐기 때문입니다. 자신의 아픈 경험을 힘겹게 들려준 딸들도 있었습니다. 저의 모자람을 매섭게 질책한 딸들도 있었습니다. 저는 그 아이들을 도와주기도 했지만 반대로 제가 가르침을 받기도 했습니다. 그 아이들이 없었다면 제가 성교육 강사로서 이만큼 성장할 수 없었을 것입니다. 그 아이들이 바로 '우리의 딸들'이었던 셈이에요. 그래서 이 책은 제가 가장 좋아하는 책입니다.

지금 이 순간 딸을 키우고 있는 많은 부모님들이 딸을 위해 시대에 맞는 새로운 성교육 지도법을 배우시길 바랍니다. 또한 딸의 미래를 위해 젠더교육과 더불어 관계교육까지 관심을 가지시기를 바랍니다. 그렇게 하셔야만 딸을 진정으로 당차고 씩씩하게 키우실 수 있습니다. 또한 그렇게 하시다 보면 부모님 자신의 태도와 인식도 달라져 있음을 느끼게 되실 겁니다.

이 책을 쓰면서 고마운 사람들이 참 많습니다. 우선 저의 아들, 손상민에게 고맙다고 하고 싶습니다. 바쁘고 정신없는 하루하루를 보내느라 책 쓰기를 버거워하는 제게 언제나 든든한 지지자가 되어 주었습니다. 닷페이스에 아들과 함께 출연했던 조소담 대표에게도 고맙다는 말을 전합니다. 닷페이스 동영상이 없었다면 이 책은 없었을지도 모릅니다. 책과 방송, 유튜브 동영상을 사랑해 주신 독자 분들, 시청자 분들에게 더욱더 머리 숙여 감사드립니다. 함께 웃고 함께 울었던 분들의 응원이 큰 힘이 되었습니다.

그리고 저를 성장시켰던, 제가 성교육 현장에서 만난 아이들에게 감사하다고 말하고 싶습니다. 이 책의 진정한 주인공을 꼽으라면 바로 저에게 편하게 속내를 이야기해 준 그 아이들입니다.

이 책이 대한민국의 많은 딸 부모님과 함께하기를 바랍니다.

손경이

추천사

우리 시대의 딸들을 위한 책

◇ ◇ ◇

'엄마와 아들이 허심탄회하게 성에 대한 이야기를 나누면 어떨까? 엄마의 자위도 이야기하고, 아들의 자위도 이야기하고.'

기획은 좋은데, 문제는 이 기획을 소화할 만한 '미래에서 온 엄마' 캐릭터가 존재하느냐 하는 것이었습니다. 그때 만나게 되었습니다. 51세기에서 온 자위하는 엄마 손경이 선생님을. 이 영상의 기획은 손경이 선생님이 아니었으면 세상에 빛을 보지 못했을 겁니다. 닷페이스의 '엄마와 나' 시리즈는 손경이 선생님과 아들 손상민 작가가 함께 성에 대해 터놓고 대화를 나누는 토크쇼로, 기대보다 더 큰 반향을 얻었지요. 저는 거의 매회 촬영마다 (제가 굳이 갈 필요가 없음에도 불구하고) '엄마와 나' 토크쇼에 깔깔대고 웃는 방청객으로 카메라 뒤에 앉았습니다. 손경이 선생님의 이야기를 듣는 것이 너무나 즐거웠고, 묻고 싶은 것도 산더미였습니다. 웃으며 하는 성교육은 처음이었습니다. 부끄러운 것 없이 그야말로 유쾌한 시간이었습니다. 즐겁게, 그리고 나를 온전히 이해하고 위하는 방향의 성교육을 왜 이제까지는 접하지 못했는지 한탄스러울 정도였지요.

저는 '수치심'이란 단어를 먼저 배웠습니다. 학교에서 배운 성은 '항상 이상하고 위험한 것'으로 느껴졌습니다. 쉬쉬해야 할 것. 말하지 말아야 할 것. '그것'. 내 성기가 어떤 모양인지도 몰랐고 내 성기를 무엇이라고 부르는지 몰라서, 제대로 칭하지도 못했습니다. 우리는 '그런 것', '이상한 것'에 대해 말을 꺼내는 일을 곧 수치심으로 학습했습니다. 야한 것은 그 자체로 나쁜 것이라고. 가슴이 봉긋 솟으면서 수영장에 나가는 일이 두려워졌습니다. 가슴은 '야한 것'이라고 배웠으니까 봉긋 둔덕이 올라온 내 가슴을 누군가 보는 것이 창피하게 느껴졌어요. 저는 수영장 밖에 쪼르르 앉아 있던 초등학교 6학년 여자아이들의 행렬을 기억합니다. 우리는 우리의 몸이 부끄러워서 움츠러들었습니다. 그때 수영을 끝까지 배웠더라면 얼마나 좋았을까, 가끔 생각합니다. 그건 야한 게 아니라 그냥 '네 몸'일 뿐이라고, 움츠러들 필요 없다고 누군가 이야기해 줬더라면.

여성으로 살아오면서 성은 많은 시간 '불편하고 위험한 것'으로 느껴졌습니다. 폭력. 외부의 시선. 불쾌감. 이런 단어들이 항상 여성의 성과 함께 이야기되었습니다. 딸들은 바깥의 시선을 통해 자신의 몸이 '야한 것'이 될 수 있다는 신호를 먼저 받게 됩니다. 주체성을 갖고 자신의 성을 건강하게 사유하기에 아들들보다 더 어려운 환경에 처합니다. 우리는 항상 '조심하라'고 검열을 받고 자랐습니다. 정돈된 교복 차림조차 이런저런 이유로 타박을 들었지요. 복숭아뼈가 보이면 야하다거나, 브래지어 끈 색깔이 보이면 정숙하지 못하다거나. 성을 이야기할 때 자주 움츠러들었던 것은, 또는 내가 원하는 것을 정확히 알고 표현하지 못했던 것은 우리 사회의 교육 때문이라는 것을 뒤늦게 알았습니다. 지금의 수많은 성교육은 사실상 편견의 언어를 쓰고 있습니다.

이 책을 통해 성을 알게 될 딸들이 저는 부럽습니다. 자신의 세계를 만들어 나가고 있는 그 시기에 이 이야기들을 접하면 분명히 더 나은 삶을 살 수 있지 않을까요. 건강하고, 또 평등한 관계 맺기에 대해, 소중한 나 자신을 당당하게 키워 내는 방법에 대해 이 책이 고민의 길잡이가 되어 줄 겁니다. 딸들뿐만 아니라 편견의 세상에서 살아온 어머니들, 그렇지만 내 딸은 더 나은 세상에서 더 나은 인식을 가지고 '움츠러들지 않고' 살아가길 바라는 어머니들을 위해서도 이 책을 추천합니다.

수많은 딸들이 받아 온 성교육에서 빠지지 않던 말들. '하지 마세요, 안 돼요.'의 세계를 벗어나 더 나은 세상에서 우리의 딸들이 살아가길 바랍니다. 그 상투적인 불평등의 말들을 우리는 이제 과거에 놔두고 더 멀리 가야 합니다. 이제 우리는 더 나은 세계로 갑니다.

닷페이스 대표 조소담

차례

3부 성교육은 부모와 아이를 더 가깝게 만든다
사춘기 시기의 14가지 성교육

4부 사춘기 여자아이들은 성에 대해 어떤 질문을 할까요?
사춘기 여자아이들의 21가지 질문들

5부 | 딸이라서 성폭력 교육이 더 필요하다
딸 부모가 성폭력에 대해 알아야 할 19가지 사실들

부록

◇ 1부 ◇

딸이라서 성교육이 더 필요하다

딸 성교육을 위한 12가지 핵심 원칙

딸의 성교육을 지금까지와는 다르게 해야 한다고
부모님도 인식하셔야 딸을 주체적인 여성,
당당한 여성으로 키울 수 있습니다.
딸을 '여성스럽게' 키우는 시대는 지나갔습니다.
시대가 바뀐 만큼 좋은 여성에 대한 기준도 바뀌었습니다.
우리는 딸들을 '좋은 여성'을 넘어
'좋은 사람'이 되도록 키워야 합니다.

원칙1

딸 성교육, 달라져야 합니다

◇ ◇ ◇

그동안 성교육 강사로 활동하면서 많은 부모님을 만났습니다. 개개인마다 조금씩 차이는 있지만, 대체로 딸을 가진 부모님들은 성교육 자체에 대한 고민은 좀 덜 하는 편이시더군요. 엄마들은 '나도 여자니까 딸에게 잘 설명해 주면 되겠지.' 라고 생각하십니다. 아빠들은 '아내가 알아서 하겠지.' 라고 생각하십니다. 딸을 가진 부모님들이 주로 하는 걱정은 '우리 딸이 성폭력을 당하면 어쩌나?' '누가 우리 딸을 만지면 어떡하지?' 하는 것입니다.

그런 부모님들에게 저는 이렇게 말씀드립니다. "성폭력을 걱정하기 이전에 먼저 성교육 자체에 대해 새롭게 고민해 보셔야 합니다."라고 말이지요.

제가 먼저 낸 책 『당황하지 않고 웃으면서 아들 성교육 하는 법』에서는 첫 번째 원칙의 제목을 '아들 성교육, 다르지 않습니다'로 했습니다. 아들 성교육을 유독 어렵게 생각하는 아들 부모님들에게 용기를 드리기 위해서였지요. 하지만 딸 성교육을 담은 이 책에서는 첫 번째 원칙을 '딸 성교육, 달라져야 합니다'라고 했습니다. 딸 성교육을 안이하게 생각하는 딸 부모님들에게 경각심을 드리기 위함입니다.

사실 아들의 성교육과 딸의 성교육은 기본적으로 다르지 않습니다. 성에 대한 태도, 성에 대해 가져야 할 지식에 남자와 여자가 차이가 있지 않기 때문입니다. 그래서 원칙적으로는 아들 성교육과 딸 성교육은 달라야 할 이유가 없습니다.

그런데 현실을 보면, 지금 우리 사회는 딸과 아들에게 다른 종류의 성교육을 시키고 있어요. 딸에게는 성을 소극적으로 받아들이고 성에 대해 움츠러들게 하는 성교육을 시키면서, 대조적으로 아들에게는 성을 무책임하게 받아들이고 성에 대해 자신의 욕구를 우선시하는 성교육을 시키고 있죠. 또 성을 성관계로만 이해하다 보니 딸에게는 성폭력을 피하도록, 아들에게는 사고를 치지 않도록 조심시키는 식으로 교육하고 있습니다. 전반적으로 성을 숨기고 성이 얼마나 위험한지 경고하는 데 그치고 있는 것입니다.

그 결과 우리 딸들이 성에 대해 움츠러들고 죄의식을 가진 채 성장하는 경우가 많습니다. 게다가 자신의 몸에 대해 무지할 뿐 아니라 상대편인 남성의 성에 대해서도 무지한 상태가 되고요.

다음 중 발기에 대해 맞는 것과 틀린 것을 각각 골라 보세요. 엄마들 중에는 못 맞히는 분도 꽤 있을 것 같네요. 아빠들 중에도 은근히 틀리는 분이 있을지 모르겠습니다.

① 성적 충동을 느꼈을 때만 일어나는 현상이다.
② 발기가 일어났을 때 사정을 하지 않으면 몸에 해가 된다.
③ 심리적인 이유 때문에 발기가 되지 않을 때도 있다.
④ 여성의 성기도 발기를 한다.

정답을 말씀드릴게요. ①번과 ②번은 틀리고 ③번과 ④번은 맞습니다. ① 발기는 꼭 성적 충동을 느꼈을 때만 일어나는 현상이 아닙니다. 아침에 기상 시간에 발기가 되기도 하고 만원 버스같이 산소가 부족한 곳에서 발기가 되기도 합니다. ② 발기 현상은 그냥 두면 시간이 지나면서 자연스럽게 사라집니다. 발기가 되었다는 것이 반드시 사정을 해야 한다는 것을 뜻하지 않습니다. 더구나 어떤 경우든 사정을 참는 것 자체는 전혀 몸에 해가 되지 않습니다. ③ 성관계를 할 때 긴장을 했다든지 장기적으로 스트레스에 시달리고 있다든지 해서 발기가 되지 않는 것은 흔히 일어나는 일입니다. ④ 여성의 성기도 성적 흥분을 하면 발기가 됩니다. 성기의 모양과 구조상 남성의 성기만큼 잘 드러나지 않을 뿐입니다.

이런 사실을 잘 모르다 보니 여성은 남성의 발기를 두고 오해하는 경우가 많아요. '이 남자 변태구나!' 하고 지레 놀라기도 하고, 반대로 '이 남자는 내게 성적 매력을 느끼지 못하는구나.' 하고 오해하기도 합니다. 자신의 성기가 어떤 상황에서 발기하는지 무지한 것은 말할 것도 없고요.

최악인 상황은 이런 오해와 무지가 성폭력으로 연결된 때입니다. 한 여자 분이 남자 친구와 등산을 갔대요. 약간 으슥한 곳에 앉아서 쉬다가 둘이 스킨십을 나누게 되었어요. 그러다 남자 친구가 이렇게 말하더랍니다. "나 지금 발기됐어. 남자는 발기됐을 때 사정을 하지 않으면 이상이 생겨." 여자 분은 너무 당황해서 거절하기는 했습니다만, 그날 이후 실망한 남자 친구가 헤어지자고 할까 봐 고민이라며 털어놓더군요.

사귀는 사람 사이에 성관계를 제안하는 것은 충분히 있을 수 있는 일이에요. 하지만 상대의 성적 무지를 이용해 압박을 가하는 식으로 성관계를 요구하는 것은 넓게 보면 성폭력입니다. 이 여자 분이 발기에 대해 제대로 알고 있었더라면 남자 친구의 인

성을 알아보고 가차 없이 이별을 통보했겠지요.

지금까지의 우리나라 성교육은 딸이냐 아들이냐에 따라 각각 다른 방향으로 기울어진 막대기에 비유할 수 있습니다. 기울어져 있는 막대기를 똑바로 세우려면 어떻게 해야 할까요? 네, 반대쪽으로 기울여야 합니다. 그런 차원에서 아들의 성교육은 물론이거니와 딸의 성교육도 이제 달라져야 합니다. 그동안 딸과 아들의 성교육이 다르게 이루어졌다는 점을 감안할 때, 서로 다른 방향으로 달라져야 한다는 뜻입니다.

딸의 성교육을 지금까지와는 다르게 해야 한다고 부모님도 인식하셔야 딸을 주체적인 여성, 당당한 여성으로 키울 수 있습니다. 딸을 '여성스럽게' 키우는 시대는 지나갔습니다. 시대가 바뀐 만큼 좋은 여성에 대한 기준도 바뀌었습니다. 우리는 딸들을 '좋은 여성'을 넘어 '좋은 사람'이 되도록 키워야 합니다.

여성들의 목소리가 커지면서 요즘은 딸을 다르게 키우고 싶다는 부모님들이 많아졌습니다. 학업, 운동, 리더십 등 모든 면에서 남성을 능가하는 높은 성취욕과 자신감을 가진 여성을 뜻하는 '알파걸'이라는 용어가 등장하기도 했습니다. 딸을 가진 부모님들은 '내 딸을 알파걸로 키우면 좋겠다.'라는 소망을 가지고 계실 겁니다.

하지만 부모님들의 그런 마음이 딸의 학교 성적이나 능력을 고

취시키는 것에만 집중되고 상대적으로 성교육에는 소홀하다는 것이 제가 성교육 강사로서 활동하면서 알게 된 사실입니다. 부모님들뿐 아니라 학교 현장에서 다양한 연령대의 여자아이들을 만났을 때에도 그런 사실을 실감할 수 있었습니다. 그 아이들이 말하는 고민을 들으며 안타까움을 많이 느꼈습니다. 그런데도 정작 부모님들은 딸의 성교육을 비교적 만만하게 생각하는 경우가 많으니 더욱 안타깝습니다.

일단 이 점만은 분명히 머릿속에 담아 주세요. 딸의 성교육, 달라져야 합니다. 그 일은 지금 이 책을 읽는 여러분이 하실 수 있습니다.

원칙 2

성교육은 부모에게 먼저 필요합니다

◇ ◇ ◇

성교육은 아이들만의 문제가 아닙니다. 따지고 보면 딸보다도 부모님이 먼저 성교육을 받아야 하는 경우가 너무 많습니다. 한 가지 예를 들어 볼게요. 바로 산부인과입니다.

산부인과를 여성의학과로 명칭을 바꾸자는 논의가 꾸준히 이루어지고 있습니다. 이것은 '산부인과는 결혼한 여성이 임신이나 출산과 관련해 가는 곳이다.'라는 고정관념을 없애기 위한 것입니다. 산부인과 의사들은 생리를 시작한 여성은 결혼을 했든 안 했든, 성인이든 미성년자이든 상관없이 건강을 위해 정기적으로 산부인과 진료를 받는 것이 좋다고 이야기합니다.

혹시 이것이 단순히 산부인과의 상술이라고 여겨지시나요? 그렇게 생각하는 분들은 여성의 성에 대해 무지한 것입니다. 생식기나 자궁(子宮, 최근 자궁을 성평등한 단어인 포궁胞宮으로 바꿔 부르기도 합니다. 자궁의 '子'는 아들, 자식을 의미하는 데 비해 포궁의 '胞'는 세포를 의미합니다. 즉, 포궁에는 여성을 출산의 도구에서 독립적인 인격체로 인식한다는 의미가 담겨 있습니다)과 관련된 질병은 결혼 여부는 물론이고 성관계 여부와도 무관하게 생겨날 수 있으니까요. 그런데 여전히 산부인과를 출산하고만 연결지어 바라보는 시각이 일반적이다 보니 많은 여성이 제때 진료를 받지 않아 병을 키우고 있습니다.

엄마들도 대부분 임신이나 출산을 경험하기 전에는 산부인과에 가서 진료를 받아 보신 적이 없을 거예요. 더구나 결혼하기 전에는 산부인과에 갔다가 행여나 "쟤는 아직 결혼도 하지 않았는데 혹시 임신한 거 아냐?" 하는 수군거림의 대상이 될까 봐 더욱 꺼렸을 겁니다.

부모님들부터 산부인과에 대해 잘못된 인식을 가지고 있으니 아이들까지 고통을 받습니다. 생리통이 대표적인 경우일 거예요. 많은 여성이 생리통을 일상적으로 경험합니다. 딸들도 마찬가지이고요. 다행히 대개는 조금 참거나 진통제를 먹는 정도로 넘어갈 수 있는 통증입니다만, 통증이 심해서 생활하는 데 지장이 있는 경우도 상당히 많습니다. 사실 더욱 큰 문제는, 자궁 안에 숨어 있는 질병이 통증의 원인일 수도 있다는 것입니다.

그런데도 부모님들은 딸을 산부인과에 데려가기를 꺼립니다. 생리통이 심하면 산부인과 진료를 받아야 한다는 사실 자체를 아예 모르는 부모님들도 많고요. 그렇다 보니 생리통에 시달리는 딸에게 약을 바꿔 보라고 한다든가, 생활 습관을 바꿔 보라고 하며 한의원에 데려갑니다. 그래서 해결이 된다면 다행인데, 산부인과 진료를 꼭 필요로 하는 아이라면 문제가 됩니다.

부모님들이 잘 모르시는 것도 이해는 돼요. 성교육을 제대로 받은 세대가 아니니까요. 그나마 성교육을 받았더라도 임신이 되는 원리를 단편적으로 알려 주거나 순결 지키기 교육으로 흐르기 일쑤였습니다. 엄마들이 받은 성교육은 더욱 그랬잖아요. 저 자신도 예외가 아닙니다. 제가 성교육 강사가 된 것은 결혼 후의 일이고, 그 전에는 저도 성교육을 제대로 받지 못한 사람 중 하나였거든요. 중고등학교에서 낙태, 임신을 다룬 비디오만 보고 자란 시대의 엄마라 저도 예전에는 성교육 자체를 축소하고 왜곡해서 인식하곤 했지요. 그때의 저를 생각하면 속상하기도 하고 화도 납니다. 그래서 교육이 중요한 것이겠지요.

그런 만큼 지금부터라도 부모님들은 스스로 부족하다는 것을 인정하고 새로운 성교육을 배우겠다는 자세를 가지셔야 합니다. 잘못된 성 지식을 가진 부모님들 때문에 아이들이 힘들어하는 악순환을 이제 끊어야 합니다.

원칙3

성교육은 집안에서, 가족 안에서 먼저 이루어져야 합니다

◇ ◇ ◇

성교육은 단지 성 지식을 전달하는 것이 아닙니다. 기본적으로 성교육은 '관계'에 대한 교육을 바탕으로 합니다. 대인 관계 능력, 공감 능력이 근본인 만큼 국가나 사회적 차원에서 한번 반짝하고 끝낼 수 있는 성질이 아니지요. 앞서 말씀드린 대로 가정에서, 일상에서, 대화 속에서 지속적이고 일관된 훈련을 통해 이루어집니다. 이것은 부모님이나, 부모님이 아니라도 아이의 양육을 책임진 사람만이 할 수 있습니다. 그래서 성교육은 집안에서, 가족 안에서 먼저 이루어져야 합니다.

부모님이 성 지식을 얼마나 갖추고 있느냐도 중요하지요. 그렇다고 전문가만큼 아실 필요는 없으니 너무 부담 갖지는 않으셔도 됩니다. 아이가 무언가를 물을 때 부모님도 잘 몰라서 대답하지 못하실 수 있어요. 그럴 때에는 부모님 자신도 완벽하지 않다는 것을 인정하시고 아이와 함께 알아보시면 됩니다. 그보다 더 중요한 것은, 자신의 성에 대한 판단을 스스로 내리는 자기결정권과 상대방의 성에 대해 이해하는 젠더감수성을 일상 속에서 가르치고 실천하는 것입니다. 즉 성 의식과 성평등에 보다 초점을 맞추어야 합니다. 이에 대해서는 뒤에서 보다 자세히 얘기를 나눌 거예요.

성교육은 2~4세, 초등 5, 6학년, 중2, 고1 등 연령에 따라 집중하는 때가 있습니다. 아무래도 아이가 처음 호기심을 가지게 되는 시기나 2차 성징이 나타나는 시기, 연애하게 되는 시기를 감안해야 하니까요. 하지만 이것은 성교육을 좁게 해석했을 때 그렇습니다. 성교육의 범위를 넓혀 보면 성교육은 아이의 삶이 시작되는 순간 함께 시작된다고 해도 과언이 아닙니다.

부모님들은 아이가 아직 배 속에 있을 때 태교를 무척 중요시하지요. 책을 읽어 주기도 하고, 이런저런 이야기를 건네기도 하고, 음악을 들려주기도 하고요. 그게 꼭 아이가 알아들을 거라고 생각해서 그러시는 것은 아닐 거예요. 그렇게 일찍부터 교감을 나누는 것이 아이에게 좋은 영향을 주기 때문이죠.

성교육도 마찬가지예요. 어느 정도 나이를 먹었으니까 이제부터 시작해야지 하는 것이 아니라 아직 말귀를 못 알아듣는 갓난 아기 때부터 시작하셔야 합니다.

예를 들어 기저귀를 갈 때도 "우리 딸 쉬했네."라고 말하는 것, "축축하겠구나. 너 뽀송뽀송하라고 기저귀를 새로 갈아 줄게."라고 말하고 기저귀를 빼는 것, 뽀뽀할 때도 "우리 딸 밥을 잘 먹어서 정말 예쁘다. 뽀뽀해도 될까?"라고 동의를 구하는 표현을 하고서 뽀뽀하는 것, 이런 행동들이 모두 성교육입니다. 부모가 아이의 몸을 대하는 방식과 태도가 다 성교육이 되기 때문이죠.

실제로 저도 그렇게 했어요. 아이가 알아듣든 알아듣지 못하든 계속했습니다. 당연히 처음에야 이 말들이 무슨 의미인지 아이는 전혀 모르겠죠. 하지만 부모가 그렇게 반복하고 또 반복하면 자신의 몸에 대한 인식, 자신의 몸은 자신의 것이라는 생각이 싹트게 됩니다. 성교육은 태어나자마자 시작되는 것이고 일상에서 지속적으로 이루어지는 것이죠.

그런데 아이가 어렸을 때부터 자연스럽게 성에 대해 이야기하시라고 말씀드리면 괜스레 아이의 호기심을 자극하는 것은 아닐까 염려하시는 부모님도 있어요.

제가 전해 들은 사례예요. 아이가 여자 남자 몸의 차이에 대해 자꾸 물어보더래요. 아이가 성에 관심을 가지게 되었다는 신호죠. 그래서 부모님이 시중에 나와 있는 성교육 그림책을 사 줬

어요. 그랬더니 아이가 그 그림책만 자꾸 보는 거예요. 다른 책은 안 보고 오직 그 그림책만 자꾸자꾸, 특히 성기 그림이 나와 있는 페이지를 뚫어져라 보더래요. 아이 부모님은 아이가 성에 너무 호기심을 가져서 역효과가 날까 봐 걱정돼서 그림책을 치워 버렸다고 합니다. 이 부모님이 걱정한 성교육의 역효과란 아이가 성에 지나치게 관심이 생겨서 자꾸 그 생각만 하는 것이었겠지요.

성교육의 역효과가 나는 것은 두 가지 경우예요.

하나는 아이의 성장 단계를 생각하지 않고 부모님이 지레짐작으로 너무 많은 정보를 집어넣는 경우입니다. 이쯤 되었으면 이 정도 알려 주면 되겠지 짐작하지 마시고, 아이와 대화하면서 아이의 단계에 맞추어 주셔야 돼요. 아이가 성에 대한 질문을 하면 부모가 다시 질문하는 식으로 이어지는 대화가 좋습니다.

저는 이런 대화를 '핑퐁 대화'라고 부릅니다. 핑퐁이란 탁구잖아요. 탁구에서 공이 두 선수 사이에 오고 가고 오고 가고 하듯이, 핑퐁 대화란 부모와 아이 사이에 질문과 대답이 계속 오고 가고 오고 가는 대화입니다. 이렇게 설명하니 어딘지 특별한 것 같은데, 부모나 아이 한쪽이 일방적으로 말하는 것이 아니라 서로 대화를 주고받는 것이라 이해하시면 됩니다.

또 하나는 성교육에서 내 몸의 주인은 오로지 나라는 성적 자기 주체성에 대한 교육 없이 오직 성 지식만 가르치는 경우입니다. 칼은 유용한 도구가 되기도 하고 위험한 무기가 되기도 하잖아요. 그래서 우리는 아이에게 칼 쓰는 법을 가르치면서 사람을 해쳐서는 안 된다는 원칙도 함께 가르치죠. 성 지식 역시 올바르게 사용하는 법을 함께 가르쳐야 합니다. 그게 바로 성적 자기 주체성 교육입니다. 성적 자기 주체성에 대해서는 조금 뒤에 나오는 원칙5에서 좀 더 상세하게 말씀드리겠습니다.

이러한 점은 사춘기 시기에도 마찬가지예요. 피임을 꼭 가르쳐야 할까, 괜히 호기심을 자극해서 아이가 성관계를 하도록 부추기는 것은 아닐까 걱정하는 부모님들이 있어요. 아들 부모님보다 딸 부모님이 피임 교육을 찜찜하게 여기는 경향이 더 큰 것 같아요. 아무래도 사회가 남성의 성관계보다 여성의 성관계에 더 엄격하니까요. 미성년인 여성일수록 더욱 그렇고요. 하지만 따지고 보면 딸이든 아들이든 피임을 정확하게 가르치는 것은 너무나 당연한 거예요. 더구나 실제로 임신까지 되었을 때 그 피해는 남성보다 여성에게 더 클 수밖에 없지 않습니까.

정자와 난자가 만나면 아이가 생긴다고 가르치는 건 일부만 가르치는 것입니다. 여성과 남성이 성관계를 한다고 항상 임신이 되는 게 아니니까요. 정자와 난자가 만나는 경우보다 피임으로 인해 정자와 난자가 만나지 않는 경우가 훨씬 더 많잖아요. 그러니 여성과 남성이 임신 계획이 없다면 정자와 난자가 안 만나게 해야 한다는 것, 그러려면 이러저러한 방법이 있다는 것을 함께 가르쳐야 합니다.

제가 성교육 강사로 활동하면서 다양한 나이대의 많은 아이들을 만나 보았는데요, 성교육을 제대로 받은 아이들은 굳이 그렇게 궁금해하지 않아요. 어설프게 아니까 오히려 성을 지나치게 터부시한다거나 반대로 이상한 쪽으로 상상력이 뻗어 나가는 극단적인 경우가 생기는 겁니다.

원칙 4

일상을 먼저 터놓고 이야기하세요

◇ ◇ ◇

무슨 일을 하든 간에 참고가 되는 롤 모델이 있어야 제대로 할 수 있습니다. 그런데 지금 부모님들은 올바르고 건강한 성교육을 받아 본 경험이 부족하니 어떻게 하면 아이들에게 자연스럽게 성교육을 할 수 있을까 고민되실 거예요.

하지만 거북스럽고 민망하게만 생각하실 필요는 없습니다. 알고 보면 그렇게 어렵지 않습니다. 성이 아니라 '일상'을 먼저 이야기하세요. 그러면 됩니다.

사람과 사람 사이의 관계란 것이 그렇잖아요. 친해지기까지 일정한 단계를 밟는단 말이죠. 제가 5단계 관계단계법을 제시해 볼게요. 학부모 사이를 예로 들어서 말이죠.

1단계는 공적 대화로, 처음 만나면 인사를 하고 통성명 정도만 해요. "저는 ○○ 엄마예요." 하는 식으로요. 그러다 학교 일에 자주 참여하면서 좀 낯이 익고 친분이 쌓이면 같이 밥을 먹어요. 2단계는 사적 대화로, "우리 애들을 같은 학원에 보낼까요?" "부모 교육 세미나가 있는데 같이 갈까요?" 같은 이야기도 나눠요. 3단계는 공감대 형성 단계로, 서로 공유하는 경험이 쌓이면서 일상적으로 자주 만나게 돼요. 취미 생활을 공유하기도 하고, 같이 영화도 보러 가고 술도 한잔 해요. 계속 그렇게 하다 보면 인간적으로도 깊은 관계까지 나아가요. 4단계는 관계 연속성과 친밀 단계로, 가장 중요한 포인트라고 할 수 있어요. 이 단계에 이르면 진지한 속마음까지도 나누게 돼요. 아이 교육에 대해 고민하고 있는 점도 이야기하고, 부부 문제나 시댁 문제까지도 허심탄회하게 털어놓지요. 5단계는 관계 형성기로, 일상적인 관심사를 먼저 공유하면서 친하게 지내며 성 이야기도 자연스럽게 나누어요.

아이와의 관계에서도 마찬가지예요. 어느 날 급작스럽게 성 이야기를 꺼내면 아이들이 관심을 가져준다며 좋아할까요? "에이, 엄마 왜 갑자기 이래." "아빤 무슨 그런 얘길 하는 거야." 하면서 더 어색해합니다.

일상적인 대화부터 시작해 보세요. 아이의 몸에 어떤 변화가 있는지, 친구들과 뭘 하면서 놀았는지, 학교에서 어떤 사건이 있었는지 등 다양한 주제를 다룰 수 있어요. 단, 아이들이 부담스러워하는 성적에 관한 것은 가급적 배제하고요.

많은 분들이 제가 아이들과 편하게 성 상담을 할 수 있는 비법이 무엇인가 궁금해하시는데요, 뭐 대단한 비법이 있는 것이 아니라 바로 4단계에서 관계 형성을 잘한 덕분입니다. 저는 그냥 진솔한 이야기를 솔직하게 하는 편이라 아이들도 진정성 있게 다가오는 것 같습니다. 부모님이 자신이 힘들었던 이야기, 고민했던 이야기를 아이에게 먼저 이야기하다 보면 아이와 수직 관계에서 수평 관계로 나아갈 수 있습니다. 성에 대한 이야기로도 자연스럽게 이어질 수 있고요. 그러니 서로의 속내를 듣고, 말하고, 생각하고, 이해하는 시간을 가지시기를 권해 드립니다.

제가 그동안 여러 아이들과 고민 상담을 해 보니, 남자아이들은 해결해 주기를 바라는 경향이 좀 더 크고 여자아이들은 그저 경청해 주는 것만으로도 만족하는 경향이 크더라고요. 딸 부모님들은 이런 점을 염두에 두시고 아이들과 대화하시면 좋겠습니다. 아이는 부모님이 그저 들어주었으면 하는데 부모님이 반드시 해결하겠다고 나서면 오히려 부담스러워할 수도 있으니까요.

아이와의 대화에서 가장 필요한 것은 존중입니다. 여러분은 어렸을 때 부모님에게 들었던 말 중 제일 화가 났던 말이 뭐였나요? 저는 "어린것이 뭘 안다고 그래! 내가 아빤데!"였습니다. 정말 너무나도 싫었습니다. 아빠도 틀릴 수 있고 나와 의견 차이, 가치관 차이가 있을 수도 있는데 어째서 자꾸 아빠 말만 들으라고 하는지, 어째서 내 말은 조금도 안 들어 주시는지 이해가 안 됐어요. 그 결과 저는 제 부모님을 무시했어요. 왜냐, 부모님이 먼저 저를 어리다고 무시했으니까요. 시간이 지나 제가 아이를 키우는 입장이 되었을 때 제 아이만큼은 저를 무시하지 않게 하고 싶었어요.

그래서 아이가 어릴 때부터 이렇게 이야기하곤 했죠. "엄마도 잘 모를 수 있어. 엄마가 완벽하지는 않아. 그러니까 엄마 말이 다 맞다고 생각하지는 마. 네 생각에 엄마 말이 이상하거나 틀렸다 싶으면 엄마한테 얘기해. 그리고 네가 엄마보다 더 많이 알 수도 있어. 그럴 때에는 네가 날 가르쳐 줘. 내가 더 많이 아는 건 내가 너한테 가르쳐 줄게. 너랑 나랑 같이 배우자. 사람은 늘 이렇게 같이 배우는 거야."

지금 제 아이가 스물세 살입니다. 20년 넘게 이렇게 반복해 왔어요. 제 아이가 저를 무시할까요, 무시하지 않을까요? 당연히 무시하지 않습니다. 저는 이것이 부모와 자식 사이에 해야 할 소통이라고 생각합니다.

이게 성교육의 시작점입니다. 일상의 이야기로 아이의 마음을 여는 거예요. 이것이 먼저 이루어지지 않으면 성교육으로 들어가는 문을 열 수 없습니다.

반대로 성에 대해 터놓고 편하게 대화할 수 있는 부모와 자녀는 다른 주제에 대해서도 쉽게 이야기를 나눌 수 있어요. 부모가 아이들과 성에 대한 이야기를 나누는 과정을 통해 어떤 이야기든 나눌 수 있는 친밀감까지 얻게 되는 거죠.

여기서 중요한 점은 시기입니다. 아이들은 커 가면서 방송 매체, 또래 집단, 학교 등에서 성에 대해 위험하거나 왜곡된 정보도 알게 됩니다. 아이가 자신의 주관이 생기고 부모님에 대해 마음을 닫았을 때 성에 대해 이야기하려 하면 오히려 더 멀어질 수도 있어요. 그래서 어렸을 때 이야기를 시작해야 합니다. 부모가 적절한 시기에 올바른 정보를 제공한다면 아이를 왜곡된 정보에서 보호할 수 있어요. 성에 대해 무엇이 옳고 그른지, 무엇이 도움이 되고 해로운지를 제대로 걸러 낼 수 있는 거름 장치를 만들 수 있습니다.

아이와 다른 이야기는 얼마든지 하는데 성에 대한 이야기만은 꺼내기가 어색하다는 부모님들도 있어요. 그 이야기만큼은 차마 못 꺼내겠다고 하세요. 이런 가정을 잘 들여다보면 부모님이 착각하고 있는 경우가 많아요. 정작 아이는 대화 자체가 안 된다고 생각하고 있는 거죠.

제가 오랫동안 성교육 강사로 활동했습니다만 본격적으로 대중의 눈에 띄게 된 것은 비교적 최근입니다. 그 계기가 된 것이 제가 아들과 함께 찍은 성 토크 영상이었습니다. 성에 대해 엄마와 아들이 거리낌 없이 솔직하게 대화를 나누는 모습이 신선한 충격을 주었다고 합니다. 저희 집안에서는 그런 것이 너무도 일상적인 광경이기 때문에 저는 그토록 많은 분들이 반응해 주실 줄은 전혀 예상하지 못했습니다. 특히 아들들보다 딸들의 반응이 더 컸습니다. 10~20대 여성들로부터 "딸인 저도 엄마랑 저런 얘기를 하지 못하는데 너무 부러워요." "저도 나중에 자녀랑 소통하는 엄마가 되기 위해 지금부터 공부하고 싶어요." "우리 엄마를 바꿔 주세요." "자녀랑 저런 대화가 가능한가요? 신기해요." 라는 말을 참 많이도 들었습니다.

딸 가진 부모님들은 아이와의 대화에서 많이들 방심을 하시더군요. '아들은 무뚝뚝하지만 딸은 살갑다.'라는 인식 때문이기도 하고, 실제로도 딸들이 집에서 말을 더 많이 하는 경향이 있기 때문이기도 합니다. "우리 딸은 집에서 무슨 얘기든 편하게 다 해요."라고들 하십니다. 하지만 알고 보면 아이가 정말 중요한 고민이나 속마음, 일상생활에서 있었던 심각한 사건을 부모님에게 숨기고 있을 수 있어요. 그러고는 부모님이 부담스러워하지 않을 거라고 판단되는 이야기만 하는 것이지요. 아이들은 마음만 먹으면 얼마든지 부모에게 숨기거나 거짓말을 할 수 있거든요. 평소 부모님이 성에 대한 이야기를 나누기 꺼렸다면 아이도 그런 이야기를 부모님에게 털어놓지 않게 됩니다.

아이가 진심으로 마음을 열고 부모님과 대화를 나눈다면 성에 대한 이야기도 자연스럽게 나오기 마련이에요. 그런데 오직 그 이야기만 안 나온다면 부모님이 아이와의 일상 대화를 다시 점검해 보셔야 합니다.

원칙 5

딸 성교육의 핵심은 성 지식이 아니라 '주체성'입니다

◇ ◇ ◇

성교육이란 것이 단순히 성 지식을 알려 주는 것이라고 여기시면 안 됩니다. 성교육은 생식기에 관한 지식이나 그 기능을 가르쳐 주는 것 이상의 넓고 깊은 의미를 가지고 있습니다. 성교육은 건전한 성 습관과 건강한 인간관계를 갖도록 도와주고 훈련하는 데 그 목적이 있습니다.

'성적 자기결정권'이라는 말을 들어 보셨나요? 나의 성적 행동에 대해선 나 스스로에게 결정권이 있다는 것입니다. 예를 들어 이 사람과 사랑을 나눌지 말지, 키스를 거부할지 받아들일지 등에 대해 다른 누구도 아닌 자기 자신의 판단만이 기준이 된다는 뜻이지요.

언뜻 성적 자기결정권이라는 것은 무척 당연하게 들립니다. 그런데 우리가 평상시에 얼마나 성적 자기결정권을 행사하고 있느냐, 얼마나 다른 사람의 성적 자기결정권을 존중하고 있느냐를 따져 보면 의외로 그 정도가 매우 낮다는 사실을 깨닫게 됩니다.

과거 방송되었던 CF의 한 장면을 소개해 볼게요. 딸이 아니라 아들이 나옵니다만, 딸을 가진 부모님께도 시사점을 줄 수 있는 장면이라 말씀드립니다.

엄마: (밥 먹는 아들을 보며) 우리 아들 누구 거?

아들: 난…… 아영이 거.

이 장면에서 '아영이'가 누구일까요?

"아들의 여자 친구요."라고 답하신 분은 기존의 문화에 물들어 있는 거예요. 아영이는 바로 이 아들이어야 하죠. 아들의 이름이 아영이어야 하는 거예요. 즉, 이 아이는 "난 내 거다."라는 당연한 사실을 얘기한 겁니다. 내 몸은 엄마의 것도 아니고 여자 친구의 것도 아니고 너무나 당연하게도 자기 자신의 것입니다.

여러분은 아영이가 여자아이 이름이라고 생각해서 아들의 여자 친구라고 답하신 것일 수도 있어요. 그것 역시 성에 대한 편견일 뿐이에요.

이 영상을 유치원 아이들에게 보여 주고 물어보면 대부분 아들을 가리키며 "재!"라고 대답해요. 아직 기존의 문화에 물들어 있지 않은 거예요. 하지만 올바른 성교육을 받지 않는다면 머지않아 이 아이들도 "재의 여자 친구!"라고 대답하게 되겠죠.

사실을 말씀드리자면, 이 CF를 처음부터 끝까지 다 보면 아영이는 여자 친구를 의미하는 게 맞아요. 처음에 아들 이름이 따로 나오거든요. 저는 이 CF를 보면서 이 상황이 마치 엄마와 아들 사이에 흔히 있을 수 있는 귀여운 에피소드인 양 소비되는 것이 안타까웠습니다. 뒤에서 다시 말씀드리겠지만, 그래서 성교육에서는 미디어 교육도 무척 중요합니다.

이 외에도 성에 대한 편견을 드러내는 많은 CF가 아무 문제의식 없이 방송될 만큼 우리 사회는 성적 자기결정권에 대한 인식을 제대로 갖추고 있지 않습니다. 그 바람에 많은 성폭력 피해자가 생겨났지요. 그 피해자들의 대다수는 여성이거나 어린아이들이고요. 성적 자기결정권은 성교육에서 가장 핵심이 되어야 합니다.

저는 범위를 좀 더 넓혀 '성적'을 빼고 '자기결정권'에 초점을 맞추고 싶어요. 성적 행동에만 자기결정권이 적용되는 게 아니라 평소에도 항상 자기결정권이 적용된다는 거죠. 생각해 보면 당연한 사실이에요. 다른 일은 내 판단대로 할 수 없는데 성적 행동은 내 판단대로 할 수 있다? 말이 안 되잖아요. 성적 자기결정권은 일상 속에서 쌓아 온 자기결정권의 연장선인 셈입니다.

그런데 저는 이 책을 쓰면서 딸 성교육에서는 성적 자기결정권을 '성적 주체성'이라고 조금 다르게 표현해야겠다고 결심했습니다. 우리 딸들이 성적으로 주체성을 가진 인간으로서 더욱 적극적으로 살아가기를 바라는 마음이 담긴 표현입니다.

꼭 성에 관해서뿐 아니라 사회적으로 그동안 남성은 주체적인 존재로, 반면 여성은 남성에 대한 객체로 여겨졌습니다. 남성의 시각이 기준이 되고, 여성은 남성의 시각을 기준으로 평가받아 왔다는 의미입니다. 사실상 여성은 객체화 교육을 받아 왔다고 해도 과언이 아닙니다. 그래서 자신의 주체성을 드러내는 훈련이 부족합니다.

특히 성은 보수적인 분야라 그 정도가 가장 심하지요. 예를 들어 이런 겁니다. 여성은 남성이 성적 요구를 할 때 'NO'를 분명하게 밝혀야 한다고 강조하는 교육을 받아요. 그런데 'YES'라고 밝히고 싶을 때에는 어떻게 하면 되는지는 알지 못해요. 더 나아가 남성에게 성적 요구를 하고 싶을 때 어떻게 하면 되는지는 더더욱 모르고요. 성적 객체로서만 자신을 인식하고 있어서 성적 주체로서 행동하지 못하는 것입니다.

주체가 되어 살아간다는 것은 쉬운 일이 아니에요. 어떻게 보면 그냥 객체로 살아가는 편이 더 쉬울 수 있어요. 자신에 대해 치열하게 고민할 필요 없이 남이 정해 놓은 기준에 맞춰 살면 되니까요. 그렇다 보니 객체화에 스스로 익숙해진 여성들은 오히려 주체적으로 살아가려는 여성에 대해 남성보다 더 적대감을 갖기도 합니다.

그만큼 여성이 주체성을 갖는다는 것은 어려운 일이기도 하거니와 여러 사회적 편견에 맞닥뜨려야 하는 일이기도 합니다. 그래서 저는 딸들에게 자기결정권이라는 표현보다 주체성이라는 표현을 쓰고 싶은 겁니다.

딸 성교육에서 성적 주체성과 함께 중요한 또 하나의 핵심은 용기입니다. 이것은 우리 사회에 만연한 성폭력 때문에 중요한 핵심이지요. 용기라는 핵심은 성폭력 문제를 집중적으로 다루는 5부에서 말씀드리도록 하겠습니다.

원칙 6

성교육을 넘어 '젠더교육'으로 확장되어야 합니다

◇ ◇ ◇

인형 놀이 하면 어떤 장면이 떠오르시나요? 여자아이들이 모여서 인형을 가지고 노는 장면이 떠오르실 거예요. 남자아이가 인형을 가지고 노는 것은 잘 상상이 안 되지요. 인형들의 생김새는 또 어떤가요? 이런 비율의 몸매가 실제로 존재할 수 있을까 싶을 정도로 너무 길고 마른 백인 여자의 모습을 한 인형입니다.

제가 유럽에서 어느 장난감 기업의 광고를 보고 깜짝 놀란 적이 있어요. 인형 놀이를 하는데 여자아이, 남자아이가 섞여 있더군요. 또 바느질 놀이를 남자아이가 하고 있어요.

이 광고가 어색하게 느껴지시나요? 오히려 아이들은 편견이 없어요. 거부 반응 없이 자연스럽게 받아들이죠. 그런데 부모님들이 "넌 남자애인데 뭘 그런 걸 갖고 노니?" "넌 여자애답게 이렇게 좀 놀아라." 하지요.

영국, 스웨덴에서는 아이가 성별에 상관없이 자신이 원하는 장난감을 가지고 놀 기회를 보장해 주어야 한다는 활동을 하는 단체도 있어요. 제가 유럽에 가 보고 인상적이었던 것이, 여자 인형과 남자 인형을 한 세트로 팔고 있더라고요. 둘이 같이 놀라는 거예요. 꼭 성별만이 아니에요. 황인, 흑인, 백인 인형이 다 있고, 심지어 한쪽 다리가 없는 장애인 인형, 휠체어 장난감도 팔고 있었어요.

이런 인형을 가지고 논 아이와 전형적인 바비 인형만 가지고 논 아이. 당연히 다른 태도를 가지게 될 것이고 이후에 살아갈 삶도 달라질 것입니다. 그만큼 사회의 모습도 달라질 것이고요.

지금껏 우리는 '딸은 여성스럽게, 아들은 남자답게' '딸의 것은 분홍색으로, 아들의 것은 파란색으로' 하는 것이 미덕이라고 여겨 왔습니다. 그런데 연구에 따르면, 아이들이 태어날 때에는 몸의 차이 외에 타고나는 성차는 없다고 합니다. 하지만 커 가면서 '여자니까 얌전히 있어야지.' '남자니까 눈물을 함부로 흘리는 게 아니야.' 하는 사회적 기대에 따라 이분법적으로 나뉘게 됩니다.

최근 들어 '젠더'라는 말이 주목받기 시작했습니다. 젠더란 생물학적인 성이 아니라 사회적, 문화적으로 만들어지는 성을 일컫는 말입니다. 즉 여성성과 남성성은 타고나는 것이 아니라는 점을 강조하는 표현이지요. 따라서 기존의 성 고정 관념을 따르지 않고 자신의 개성을 표현하는 것도 얼마든지 가능한 셈입니다.

그래서 젠더교육이란 성에 대한 기존의 이분법적이고 왜곡된 생각을 바로잡는 것, 여성과 남성이 상대방의 성을 진정으로 이해하고 존중하도록 올바른 젠더감수성을 키워 주는 것입니다. 또한 편향된 여자 역할, 남자 역할에 아이의 가능성을 가두어 두지 않고 아이가 가진 개성을 온전히 발휘하게끔 하는 것입니다.

이제 딸을 딸답게 키우는 시대는 끝나 가고 있습니다. 딸은 딸다워야 한다는 편견이 그동안 젠더로서 자신을 인식하지 못하는, 즉 젠더감수성이 없는 여자들을 만들어 냈습니다. 그래서 저는 성교육이 젠더교육으로 확장되어야 한다고 생각합니다. 앞에서 말씀드린 주체성도 젠더교육이 함께 이루어져야 가능합니다.

이제부터 부모님들도 꼭 기억해 주세요. 여성성과 남성성이 결코 본질적이거나 타고난 것이 아니라는 점을요. 여자니까 그에 걸맞은 성 역할에 따라 커 가야 한다고 강요할 것이 아니라, 딸이 자기만의 정체성을 만들어 갈 수 있도록 해 주세요.

원칙 7

젠더감수성이 없는 성교육은 무의미합니다

◇ ◇ ◇

사실 인류 역사에서 젠더 문제가 본격적으로 이슈가 되고 성평등을 위한 노력이 차츰 결실을 거두게 된 것은 상당히 최근의 일입니다. 오늘날 성평등 지수가 가장 높은 나라로 꼽히는 북유럽의 스웨덴, 노르웨이, 핀란드 등도 여성 참정권이 도입된 것은 불과 100여 년 전이니까요. 미국도 1920년에 여성 참정권이 처음 도입되었고요.

우리나라는 해방 이후 어느 국가보다도 빨리 산업화와 근대화를 이루었습니다. 그러다 보니 경제 규모에 비해 시민 의식이나 복지 지수는 아직 못 미친다는 평을 받곤 하지요. 성평등 의식도 마찬가지입니다.

물론 우리나라의 성평등 의식이 과거보다는 훨씬 나아졌습니다. 예를 들어 예전에는 성폭력이 여성의 정조, 여성의 순결에 관한 문제로 치부되었는데, 지금은 성폭력이 인간의 성적 자기결정권에 관한 문제로 재정립되었습니다. 그뿐만 아니라 데이트 폭력, 부부 강간, 스토킹 등도 애정 표현이 아니라 엄연한 범법 행위로 규정되었습니다.

하지만 그렇다고 성폭력 문제가 해결된 것은 아니죠. 최근 우리나라에서도 크게 이슈가 되고 있는 성폭력 피해 고발 캠페인인 미투 운동에서도 볼 수 있듯이 성폭력은 여전히 우리 사회에 만연해 있습니다.

현재 우리나라는 성평등 측면에서 과도기에 있습니다. 지금 이 책을 읽는 부모님들은 30~40대인 경우가 많으실 텐데요, 본인의 어릴 때 상황과 지금 상황을 한번 비교해 보세요. 성평등 면에서 이런 점은 참 많이 나아졌다 싶은 부분도 있는 반면, 이런 점은 아직도 바뀌지 않고 있어 답답하다 싶은 부분도 있지요.

이런 과도기에 우리 딸들은 부모님 때보다 성평등 의식이 더 강해진 사회에 맞추어 살아가야 합니다. 한편으로는 아직 성평등 면에서 미흡한 부분을 바꿔서 성평등 의식이 더욱 강해진 미래를 만들어 나가야 하지요.

그렇기 때문에 딸이 사회에 잘 적응하고 변화를 이끌어 나가게 하려면 부모님이 먼저 젠더감수성을 강화해야 합니다. 평소 집안에서 부모님이 어떤 젠더의식을 드러내고 있는지가 아이들에게 고스란히 전해지니까요.

평소 별 문제의식 없이 무의식적으로 이런 말들을 하지는 않았는지 생각해 보십시오.

딸에게 "너는 딸이니까" "너는 여자애가" 하는 표현을 자주 쓰지는 않나요? 드라마를 보다가 "아니, 무슨 남자가 저래." "여자답지 않게 저게 뭐야." 하는 말을 내뱉지는 않나요? 뉴스를 보다가 여성이 나왔을 때 그 여성의 직업이나 역할에 관계없이 "어휴, 생긴 게 참." "화장이 뭐 저래." 하고 외모 품평을 하지는 않나요? 성폭력 사건을 다룬 기사를 접했을 때 "너무 예민하게 구는 거 아냐." "뭔가 낌새를 줬겠지." "역시 꽃뱀한테 걸렸어." 하고 피해자를 탓하며 가해자를 두둔하지는 않나요?

부모님이 아이들 앞에서 어떤 젠더구도를 취하고 있는지도 체크해 보세요.

가사노동이 엄마와 아빠 중 한쪽으로만 몰리고 있지 않나요? 설날이나 추석 때 한쪽만 명절 노동을 떠안고 있지 않나요? 육아에 엄마와 아빠가 함께 참여하고 있나요? 자녀의 교육과 관련된 결정을 내릴 때 엄마 혼자 알아서 결정하지 않고 아빠도 충분히 의견을 내고 있나요? 엄마와 아빠가 서로에 대해 "어떻게 남자가

돼 가지고." "여자가 유난스럽게." 하는 말로 공격하지는 않나요?

이런 점은 혼자만 따져 보지 말고 반드시 부부가 함께 점검해 보세요. 부부 중 한쪽만 문제를 느끼는 경우도 많거든요.

이제 젠더감수성이 없는 성교육은 무의미합니다. 그것은 그저 성 지식을 머릿속에 담아 두는 것에 지나지 않습니다. 안전 의식에 대한 교육 없이 총 쏘는 법만 배우는 꼴이죠. 앞으로 더 달라질 사회를 살아갈 딸을 위해 부모님도 함께 노력해 주세요.

원칙 8

성에 대해 균형 잡힌 시각을 갖도록 해 주세요

◇ ◇ ◇

이 책을 읽는 여러분은 '성(性)' 하면 어떤 단어가 떠오르시나요? 요즘 유치원에 가서 여섯 살 아이들에게 "너희는 성 하면 뭐가 떠오르니?" 하는 질문을 던지면 어떤 대답이 나올까요? 많이들 "정자, 난자요." 하고 대답합니다. "임신요." "결혼요." 하는 대답도 나오고요. 세대 차이가 느껴지시죠? 그래도 예전보다는 성교육이 활발하게 이루어지고 있음을 실감할 수 있습니다.

그런데 "야동요." "변태요." 하는 대답이 나올 때도 있어요. 그런 것을 어떻게 알았느냐고 물어보면 친구에게 들었다, 아는 형이나 오빠가 알려 주었다, 인터넷에서 봤다 등등의 대답이 나옵니다. 정작 그게 뭔지 설명해 보라고 하면 잘 못해요. 욕의 뜻이 뭔지도 잘 모르면서 재미있어하면서 쓰는 것과 비슷한 심리입니다.

제가 수년 동안 많은 아이들을 만나 이야기하면서 수집한 여러 단어들을 한번 보여 드리겠습니다.

<'성' 하면 떠오르는 단어- 신체적, 물질적>

가족, 남녀, 피임, 성교, 자위, 사정, 정자, 월경, 생리, 고추, 호르몬, 늑대, 콘돔, 구멍, sex, kiss, baby, 임신, 애기, 태교, 태아, 탄생, 생명, 오르가즘, 잠자리, 자궁, 배란기, 어른, 엄마, 가정, 이성, 휴지, 똘똘이, 딸딸이, 발기, 애무, 마스터베이션, 몽정, 정액

<'성' 하면 떠오르는 단어- 심리적, 정신적>

건강에 좋다, 연인, 교제, 순결, 조심히 다뤄야 함, 두렵다, 신비로움, 남녀 접촉, 나눔, 배려, 성관계, 배신, 소중한, 쾌감, 징그러움, 좋은 것, 야하다, 무섭다, 믿음, 미혼모, 아름다움, 스킨십, 첫날밤, 창조, 행복, 속도위반, 침대, 힘, 부부, 사랑, 정조, 신중

자, 어떠세요. 어른들이 짐작하는 것보다 아이들은 성에 대한 관심이 굉장히 크고 또 성에 대해 많이 알고 있습니다.

여러분도 아이에게 같은 질문을 해 보세요. 만약 아이가 '건강

에 좋다' '즐겁다' 등의 대답을 내놓는다면 성의 긍정적이고 쾌락적인 면을 주로 알고 있는 겁니다. 만약 아이가 '징그럽다' '늑대' 등의 대답을 내놓는다면 성의 부정적인 면을 주로 알고 있는 겁니다. 그런데 대체로 여자아이들 중에는 후자의 경우가 더 많더군요. 남자아이들 중에는 전자의 경우가 더 많고요.

아이가 부정적인 면을 위주로 안다고 해서 괜찮은 것이 아니고, 반대로 긍정적인 면을 위주로 안다고 해서 괜찮은 것도 아니에요. 사람은 살아가면서 성에 대해 긍정적인 면, 부정적인 면을 함께 알아야 하거든요. 그래서 부정적인 면을 주로 아는 아이에게는 긍정적인 면을 알려 주고, 긍정적인 면을 주로 아는 아이에게는 부정적인 면을 알려 주어야 합니다. 밸런스를 맞추어 주셔야 하는 겁니다.

물론 성은 나쁜 것이 아닙니다. 성은 좋은 것이에요. 건강하게 영위한다면 즐거움뿐만 아니라 심리적 안정감까지 주잖아요. 그런데 세상에는 분명 나쁜 면도 존재해요. 성범죄가 대표적입니다. 성 자체가 나쁜 것은 아니라도 어떻게 이용하느냐에 따라 범죄가 되기도 하는 겁니다. 그러니 어릴 때부터 아이들이 성의 양면적인 성질을 균형 있게 알 수 있도록 해 주세요.

원칙 9

성에 대한 정확한 표현으로 성평등 의식을 일깨워 주세요

◇ ◇ ◇

딸이 "나는 왜 고추가 없어요?"라고 질문하는 경우가 있습니다. 아빠와 목욕하다가 스스로 의문을 가졌을 수도 있고, 또는 남자아이로부터 "너는 고추도 없잖아." 하는 놀림을 받았을 수도 있습니다.

사실 부모님 세대에는 "남자는 고추가 있고 여자는 고추가 없다."라고 말하는 것이 특별히 문제가 되는 표현이 아니었을 거예요. 그런데 이런 표현은 남자는 고추를 가진 우월한 존재이며 여자는 고추가 없는 열등한 존재라는 인식을 바탕으로 하고 있습니다. 그 자체로도 잘못된 성 지식일뿐더러 남자를 기준으로 삼은 성차별적 인식입니다.

이렇게 우리가 쓰고 있는 말들 중에는 알고 보면 성차별적인 표현이 상당히 많습니다. 예를 들어 볼까요. 여배우, 여기자라고는 하는데 남배우, 남기자라고는 하지 않아요. 여군, 여경이라고는 부르는데 남군, 남경이라고는 부르지 않지요. 가장 이상한 표현이 여류 작가입니다. 그나마 여작가라고 하는 것도 아니고 어째서 여류 작가인지 도통 모르겠습니다. 당연히 남류 작가라는 표현은 없죠. 아이들이 다니는 학교도 예외가 아닙니다. 여중, 여고라고 굳이 '여'를 붙이면서 남중, 남고는 그냥 중학교, 고등학교잖아요.

이런 표현들은 모두 남성을 주체, 여성을 객체로 전제하는 것입니다. 제가 딸 성교육의 핵심은 주체성이라고 강조하지 않았습니까. 딸의 주체성을 키워 주기 위해서는 이런 표현에 대해 고민해 보고 함께 고쳐 나갔으면 좋겠습니다.

그렇다면 남성에게 고추, 즉 음경에 해당하는 것이 여성에게는 무엇일까요? 이렇게 질문하면 아이들이나 어른들 대부분은 음경의 짝이 자궁이라고 해요. 수업 시간에도 늘 자궁만 배웠고 음순에 대해 배운 적이 별로 없으니 당연한 대답이지요. 하지만 답은 음순이에요. 음순에는 대음순과 소음순이 있고요.

과거의 1단계 성교육이 "남자는 고추가 있고 여자는 고추가 없다."라고 말하는 것이었다면 그다음의 2단계 성교육은 "남자는 고추가 밖에 있고, 여자는 고추가 안에 있다."라고 말하는 것이었어요. 그에 비해 지금의 3단계 성교육은 "남자는 음경이 있고 여자는 음순이 있다."라고 말하는 것인 셈입니다.

제가 부모님들에게 성기 명칭을 정확하게 지칭하라고 해 보면, 아들 부모님들은 그래도 '음경'이라는 단어를 쉽게 말씀하시는 편이에요. 그런데 딸 부모님들은 '음순'이라는 단어를 말하는 것을 영 어색해하세요. 엄마들조차 민망하다고 하시더라고요. 왜 민망할까요? '음경'보다 '음순'이 안 익숙하기 때문이에요. 이것 자체를 익숙하게 하는 것이 성교육에서는 무척 중요해요. 지금까지 제대로 말하지 못해 왔으니 이제부터는 더 많이 말해야 합니다. 부모님 자신도, 우리 아이들도 말이지요.

그 단어에 익숙해지는 가장 좋은 방법은 그 단어가 가리키는 대상 자체에 익숙해지는 것입니다. 여성이 자신의 성기에 익숙해져야 하는 것입니다. 그러기 위해서 저는 자신의 성기를 스스로 관찰해 보는 것이 꼭 필요하다고 말씀드리고 싶습니다. 여성이 자신의 성기를 관찰하는 방법에 대해서는 2부에서 자세히 다루겠으니 꼭 참고해 주세요.

자, 정리해서 다시 한 번 말씀드릴게요. 남자는 고추가 있고 여자는 고추가 없는 것이 아니에요. 여자는 소음순과 대음순이 있고 남자는 음경과 고환이 있습니다. 이렇게 표현을 바꾸니까 여자는 고추가 없는 열등한 존재가 아니라, 남자와 다른 성기를 가진 존재라는 점이 잘 드러나지 않습니까. 이렇게 인식해야 서로를 존중하게 됩니다.

이제부터는 '있다, 없다'가 아니라 '있다, 있다'로, 여성과 남성이 평등하다는 존중 의식을 키워 주세요.

원칙 10

인간으로서 자신을 긍정하게 해 주세요

◇ ◇ ◇

'탈코르셋 운동'에 대해 들어 보셨나요? 코르셋이란 배에서 엉덩이에 걸쳐 받쳐 입는 여자의 속옷이지요. 여러 가지 여성 속옷 중에서도 불편한 순위를 따지면 첫 번째가 바로 코르셋일 겁니다. 그런데도 여성들이 코르셋을 입는 것은 예쁜 몸매로 보이기 위해서입니다. 탈코르셋 운동은 단순히 코르셋을 입지 말자는 운동이 아니라, 코르셋으로 상징되는 여성들의 꾸밈 노동에 문제의식을 가지고 이를 따르지 않겠다는 운동이에요. 어떤 뷰티 유튜버는 탈코르셋을 선언하고 더 이상 화장 동영상을 올리지 않겠다고 선언해 화제가 되기도 했지요.

여성에게 때로는 노골적으로, 때로는 암암리에 강요되는 꾸밈 노동은 얼마나 다종다양하고도 고달픈가요. 화장이며, 다이어트며, 성형 수술이며……. 이 책을 읽고 계신 엄마들도 잘 아실 거예요. 그런데 이런 꾸밈 노동이 점점 더 어린 연령대의 여성들에게까지 내려오고 있습니다. 최근에는 여자 중고등학생들도 또래로부터 화장에 대한 압박을 강하게 받는다고 합니다. 십대들뿐인가요. 얼마 전 미국에서는 여아용 옷이 남아용 옷보다 짧고 꽉 끼고 불편하게 만들어지는 현실이 이슈가 되기도 했습니다. 아직 꾸밈 노동을 의식하지 못하는 아주 어린 시절부터 여성들은 꾸밈에 익숙해지도록 사회화되는 것입니다.

저 역시 꾸밈 노동으로부터 자유롭지 못합니다. 그래서 강경화 외교부 장관을 처음 보았을 때 신선한 충격이었어요. 저 정도 나이가 되면 여성은 당연히 염색으로 흰머리를 감추어야 하는 것으로 여겨지는데, 강경화 장관은 흰머리를 자연스럽고 당당하게 드러내고 있었으니까요.

하지만 꾸밈 노동은 제게 즐거움을 주기도 합니다. 그래서 꾸밈 노동이 아니라 꾸밈 놀이라고 명명해야 더 어울릴 것 같은 때도 많지요. 예를 들어 제게 어울리는 옷을 찾으면 돈을 지불할 때도 행복하고 집에 가져가면서도 행복하고 입으면서도 행복합니다.

무엇이 이 차이를 만들까요? 저는 기준이 '나의 시선'에 있느냐, '남의 시선'에 있느냐에 따라 이 차이가 만들어진다고 생각해요. 남의 시선, 즉 남자 친구가 어떻게 보는지, 이웃이 어떻게 보는지, 주위의 불특정 다수가 어떻게 보는지 신경 쓰면서 그들의 시선에 맞추기 위해 자신을 꾸미면 즐거울 수가 없어요. 오히려 자신을 괴롭히는 것이나 다름없어요. 하지만 '누가 뭐라 하든 나는 이렇게 하는 게 좋아.' 하는 마음으로 자신을 꾸미면 정말 즐겁습니다.

많은 여성이 꾸밈 자체를 강요된 노동으로 인식하고 탈코르셋 운동에 공감한다는 것은 그만큼 여성들이 '나의 시선'보다 '남의 시선'을 우선시하고 있다는 증거입니다. 이것 역시 주체성 문제와 연결됩니다. 자신을 주체가 아닌 객체로 인식하기 때문에 그렇게 남의 시선을 의식하는 것이니까요.

물론 '나의 시선'과 '남의 시선'이 언제나 무 자르듯 분명하게 나누어지는 것은 아니에요. '남의 시선'을 지나치게 따르다 보면 어느 순간 그것을 내면화하여 '나의 시선'으로 만들어 버리기도 하거든요. 그렇기에 진정한 '나의 시선'을 찾기 위해서는 스스로의 목소리와 취향에 주의 깊게 귀 기울이는 연습을 해야 합니다.

저는 이러한 현실의 가장 큰 책임은 사회에 있다고 봅니다. 그리고 그다음 책임은 바로 딸을 키우는 부모님에게 있고요. 부모님이 딸의 외모에 지나치게 신경 쓴다거나, 딸에게 소위 여성스러운 옷을 입히려 하면 아이는 그 영향을 강하게 받을 수밖에 없지요.

성교육에서 이런 점까지 챙겨야 하냐고 묻는 부모님들도 있어요. 그런데 딸 성교육의 핵심은 주체성이잖아요. 이것은 곧 한 여성으로서, 한 인간으로서 자신을 있는 그대로 긍정하는 것이라고도 표현할 수 있습니다. 그래서 여성에게 유독 가혹한 꾸밈의 문제를 다루지 않을 수 없는 것이랍니다. 우리 딸들이 '나의 시선'이 무엇인지 탐구하면서 스스로를 즐겁게 꾸밀 줄 아는 여성으로 자라났으면 좋겠습니다.

원칙 11

딸의 현재 단계를 고려하세요

◇ ◇ ◇

요즘 한국 사회는 성과 젠더 이슈에 관하여 거대한 과도기를 통과하고 있습니다. 그동안 사회적으로 부당함을 참아 왔던 여성들이 본격적으로 목소리를 내고 있는 것이지요. 물론 이전에도 이러한 목소리는 꾸준히 존재했습니다. 하지만 지금은 그 목소리가 주변부에 머물지 않고 하나의 큰 사회적 흐름으로 커졌다는 점을 누구도 부인하지 못할 겁니다.

딸들은 이 흐름 속에서 어떻게 바뀌고 있을까요? 제가 현장에서 초등학생부터 고등학생까지 다양한 연령대의 딸들을 만나 보니까 많은 아이들이 이미 변화해 있더라고요. 그런데 모든 아이들이 변화해 있는 것은 또 아니었습니다. 아직 변화하지 않은, 또는 변화하지 못한 아이들도 여전히 많았어요. 제가 딸 성교육의 핵심이라고 강조해 드린 주체성을 기준으로 딸들의 현재 단계를 판단해 볼 수 있습니다.

이미 변화해 있는 아이들은 주체성이 높은 셈입니다. 어릴 때부터 부모가 그렇게 길렀을 수도 있고, 어떤 계기로 인해 스스로 바뀌게 되었을 수도 있습니다. 최근에 있었던 강남역 살인 사건부터 미투 운동까지 일련의 일들이 딸들의 젠더 의식을 급격히 변화시키고 있지요. 이 아이들은 자신의 몸이나 성적 결정권에 대해 주인 의식을 분명히 가지고 있고 젠더 이슈에도 관심이 높아요. 이 아이들과 대화하다 보면 성교육 전문가인 저도 깜짝 놀랄 때가 많습니다. '이 아이들 때문에라도 나 역시 더 분발해야겠다.' 하는 생각이 듭니다.

반면에 변화를 겪지 못한 아이들은 주체성이 낮은 셈입니다. 어릴 때부터 부모님이 그렇게 길렀을뿐더러 변화의 계기도 가지지 못한 것입니다. 이 아이들은 변화에 대한 필요성을 깨닫지 못하고 있습니다. 변화 자체에 두려움을 느끼고 있을 수도 있습니다. 변화했다가 주위로부터 낙인 찍힐까 봐 겁을 내는 거예요. 이 아이들과 대화하다 보면 성교육 전문가로서 저는 너무도 안타깝습니다. '이 아이들을 위해서라도 내가 더 노력해야겠다.' 하고 의지를 다지게 되지요.

그런가 하면 그 중간 어디쯤에 있는 아이들도 있습니다. 이제 주체성이라는 것을 의식하고 주체성을 키워 나가고 있는 아이들입니다. 아마 이런 아이들이 가장 많을 거예요.

주체성을 기준으로 각각 '높은 단계' '보통 단계' '낮은 단계'라고도 표현할 수 있겠네요. 이렇게 딸들은 다양합니다. 제가 현장에서 여자아이들을 만날 때 가장 어려운 점이 바로 이거예요. 아이들마다 단계가 다양하니까 어디쯤에 맞춰서 이야기하는 것이 좋을지 잘 판단해야 하거든요. 그러니까 부모님들도 '우리 딸은 지금 어떤 단계일까.' 생각해 보셔야 합니다. 아이와 대화를 나눠 보면 딸의 단계를 파악하실 수 있을 거예요.

낮은 단계의 아이를 한 번에 높은 단계로 끌어올리려고 하면 역효과가 납니다. 아이들이 괴리감을 느끼고 거부 반응을 보여요. 아예 이해하지 못할 수도 있고요. 부모님이 인내심을 가지고 차근차근 밟아 나간다는 마음으로 성교육을 하셔야 합니다.

높은 단계의 아이라고 해서 성교육이 필요하지 않은 것은 아니에요. 높은 단계라고 해도 아직 아이잖아요. 주체성은 높아도 실제 행동에는 허술한 면이 있을 수밖에 없어요. 더구나 주체성을 꺾는 사건을 직접 또는 간접적으로 겪거나, 연애하는 과정에서 주체성에 손상을 입게 될 수도 있고요. 그래서 아이에게 일종의 회복 탄력성을 길러 주어야 합니다. 여기서 회복 탄력성이란 실패하더라도 용수철처럼 튀어 오르면서 더 높이 올라가는 힘을 의미합니다.

원칙 12

한 아이의 성교육에는 온 마을이 필요합니다

◇ ◇ ◇

"한 아이를 키우려면 온 마을이 필요하다."라는 말을 들어 보셨나요? 아이 하나를 잘 돌보고 잘 성장시키는 것은 부모의 힘만으로는 부족하며, 이웃을 비롯해 지역 사회의 책임이 함께 필요하다는 뜻입니다.

저는 이 말을 조금 바꾸어 '한 아이의 성교육에는 온 마을이 필요하다.'라고 말하고 싶습니다. 성교육에는 부모의 역할이 가장 중요합니다. 하지만 주변 사람들과 지역 사회도 큰 영향을 미칩니다. 사람은 어릴 때부터 이미 사회적 존재이기 때문이지요.

요즘은 아이를 일찍 어린이집에 보내잖아요. 더 자라면 유치원에 보내고요. 과거에는 적어도 초등학교 고학년은 되어야 성교육을 한다고 여겼습니다만, 요즘은 어린이집과 유치원에서도 성교육이 이루어집니다. 부모님들 인식도 바뀌어서 전에는 어린이집에서 성교육을 한다면 "너무 빨리 시키는 것 아니냐."라며 싫어하는 분들이 많았는데 요즘에는 환영하는 분들이 더 많습니다.

아이가 가는 어린이집이나 유치원에서 성교육이 어떤 식으로 이루어지는지 관심을 기울이세요. 성교육이 이루어진다고 해도 형식적으로 시간만 때우고 넘어가지는 않는지, 성교육은 하지만 정작 선생님들이 평소에 습관적으로 "여자들은……." "넌 남자애가……." 하는 식으로 기존의 성 고정 관념을 드러내지는 않는지 확인해 보세요.

아이 양육에 있어 조부모의 도움을 받는 가정도 많을 겁니다. 경우에 따라서는 부모가 아니라 조부모가 주양육자라고 할 수 있는 가정도 무척 많을 거예요. 육아 전문가들은 이럴 때 부모가 조부모의 양육 스타일에 일일이 간섭하는 것은 옳지 않으며, 일단 아이를 맡겼으면 조부모의 스타일을 존중하되 정 안 맞는 부분은 대화로 접점을 찾으라고 조언하더군요. 하지만 성교육 강사로서 저는 조부모의 젠더감수성은 분명 확인할 필요가 있다고 생각합니다.

부모님들이 성장할 때의 한국 사회는 지금보다 젠더감수성이 부족했습니다. 조부모님이 성장할 때의 한국 사회는 그때보다도 훨씬 더 젠더감수성이 부족했고요. 그래서 조부모님들 중에는 최근의 변화를 이해하지 못하거나 아예 과거에 머물러 있는 분들도 종종 볼 수 있습니다. "여자애가 사내애마냥 설친다." "남자애가 소꿉놀이하면 고추 떨어진다." 하시죠. 특히 여성에 대한 젠더감수성이 낮아서 손녀가 주체성을 길러야 한다는 것 자체를 이해하지 못하실 수 있어요. 부모님이 아무리 올바른 성교육을 시키려고 하더라도 조부모님이 젠더감수성이 부족한 태도를 보일 경우 아이는 혼란을 느낄 수 있습니다.

이 문제에 대해 조부모님과 상의하시기를 권하고 싶습니다. 조부모님의 역할과 수고로움은 충분히 인정하시되 성교육에 대한 부모님의 생각과 문제의식을 함께 나누시면 됩니다.

◇ 2부 ◇

성교육은 부모에게서 시작된다

사춘기 이전의 15가지 성교육

중요한 점은, 딸에게 주체성
그리고 스킨십의 원칙을 짚어 주셔야 한다는 점이에요.
사랑하는 사람과의 성관계에 앞서
두 사람이 서로 동의하고 허락해야 하며,
자신이 성 관계를 가질지 여부는 주체적으로 판단해야 한다는
사실을 이야기해 주는 것입니다.
이런 이야기는 아무리 강조해서 반복하고
또 반복해도 모자라지 않아요.

딸 성교육 1

성교육은 몸 교육부터 시작하세요

◇ ◇ ◇

무엇이든 출발이 중요하죠. 첫 단추를 잘 끼워야 하는 법이니까요. 너무 당연하게도 성교육에서도 출발이 무척 중요합니다. 성교육을 시작할 때 부모님도 아이도 성교육 자체를 자연스러운 일로, 일상의 한 부분으로 받아들이는 것이 핵심입니다.

성교육이라는 것이 뭐 그렇게 거창하고 어려운 것이 아니라 곧 '몸 교육'이라고 생각하시면 됩니다. 갓난아이에게 자기 몸의 존재를 인식시켜 주는 것부터가 자연스럽게 성교육의 시작이 되는 셈입니다.

아침이 되어 아이가 눈을 떴어요. 그러면 부모님이 아이를 씻겨 주실 거 아니에요. 그때마다 몸에 대한 이야기를 꺼내는 거예요. "따뜻한 물로 얼굴 씻자. 코도 닦고 이도 닦자. 치카치카." 또 아이 팔과 다리를 주물러 주실 때 있잖아요. 그럴 때도 이야기하는 거죠. "다리 펴자, 쭉쭉. 팔도 만세 하자."

아이가 쉬를 해서 기저귀를 갈아 줘야 될 때도 마찬가지예요. "잠지에서 쉬~ 나왔다."라고 이야기하는 거예요. 아들 부모님들은 아이 앞에서 '고추'라는 표현을 잘 사용하는데 그에 비해 딸 부모님들은 '잠지'라는 표현을 잘 사용하지 않는 경향이 있어요. 부모님부터 표현을 꺼리면 몸교육이 제대로 안 됩니다. 이렇게 잠지라는 단어가 부모님에게도 아이에게도 익숙해지면 "우리 아가, 음순에서 쉬~ 나왔다." 하고 좀 더 정확한 명칭도 사용하세요.

시간이 지나 아이가 좀 더 크면 아이가 부모의 말을 알아듣고 어느 정도 자기 의사를 표현할 수도 있게 되지요. 그때부터는 아이에게 동의를 구하는 질문을 많이 건네세요. "우리 아가 잠지에서 쉬 나왔나 한번 봐도 될까요?" 아무리 어리더라도 아이는 그 자체로 주체성을 가진 한 여성이자 인간이기 때문이지요. 학교나 유치원에 갈 때 바쁘다는 이유로 그냥 휙휙 아이의 옷을 벗기는 부모님들이 있는데, 조금 여유를 가지고 "네가 벗을까, 엄마가 벗겨 줄까? 도와주세요 하면 도와줄게." 하고 아이에게 제안하는 것이 주체성 교육으로 효과적입니다.

저는 딸 엄마가 아니라 아들 엄마이긴 합니다만, 제 경우를 더 예로 들어 볼게요. 동의를 구하는 질문은 딸이든 아들이든 차이가 없으니까요. 저는 아이의 손등에 뽀뽀하면서 "어이구, 우리 아들 밥 잘 먹네. 손에 뽀뽀!" 하고 말하곤 했어요. 그러면 아이가 까르르 웃어요. 그러면 제가 "뽀뽀 더 해 줄까?" 하고 묻지요. 아들이 또 웃으면 뽀뽀를 더 했어요.

또 저는 아이를 안고 싶을 때 아이를 향해 팔을 벌렸어요. 아이가 제 품 안으로 달려 들어오면 그건 동의했다는 표시였죠. 만약 아이가 품 안으로 오지 않으면 저는 팔을 내렸어요. "지금은 엄마랑 안고 싶지 않아? 그래, 알았어." 하고요. 아이의 표정이 평소보다 안 좋아 보인다 싶으면 물어보기도 하고요. "왜 엄마랑 안기 싫어? 지금 기분이 안 좋아?" 하면 아이가 이야기를 해요. "오늘 유치원에서 친구랑 싸웠는데 걔가……." 그러면 아이의 이야기에 귀 기울여 주었어요.

왜 이렇게 했느냐 하면, 아이의 감정과 판단을 존중한다는 신호를 계속 준 거예요. 아이가 '지금 나는 뭘 원하고 있지?' '지금 내 감정이 어떻지?', '내 고민은 무엇이지?' 하고 생각하고 판단하는 연습을 하게 한 셈입니다. 그리고 아이에게 '네 몸의 주인은 너다.', '네 몸의 느낌은 너만 아는 것야.' 라는 메시지를 준 겁니다.

뽀뽀 문제에 대해 좀 더 짚고 넘어갈게요. 아들보다 딸이 부모로부터 뽀뽀를 요구받는 경우가 많은 편이에요. 특히 이른바 자칭타칭 '딸바보'인 아빠들이 딸에게 자주 뽀뽀를 요구하시지요. 부모님은 당연히 아이를 사랑하는 마음에 그러시는 것이겠지만, 딸은 '부모가 스킨십을 바라면 당연히 해야 한다.'라는 인식을 가지게 될 수 있거든요. 혹시 그렇게 인식하는 게 뭐 어떠냐고 생각하시나요? 이것은 곧 아이에게 자신을 주체가 아니라 객체로 여기는 연습을 시키는 것이나 마찬가지예요. 좋지 않습니다.

아이가 부모의 스킨십을 항상 무조건 좋아하는 것이 아니에요. 부모님도 하루 종일 일해서 너무너무 피곤할 날은 아이를 안아주고 싶은 마음이 들지 않을 때도 있잖아요. 아이도 기분이 안 좋을 때에는 울면서 부모의 스킨십을 거부하기도 해요. 아이가 아직 말을 못할 때라도 소리나 표정으로 다 표현하거든요. 아이가 좋다는 의사 표현을 하면 스킨십을 하고, 아이가 화를 내거나 울면 하지 말아야 해요. "미안해. 지금은 엄마랑 뽀뽀하기 싫은 거 엄마가 몰랐네." 하고 사과도 하고요.

사실 부모님이 보기에는 아이가 싫다고 찡그리는 모습도 무척이나 귀엽고 사랑스럽잖아요. 그래서 아이가 싫다고 해도 억지로 안고 뽀뽀를 하시기도 할 거예요. 저도 엄마인 만큼 그런 마음을 충분히 이해합니다. 그래도 그렇게 하지 마세요. 아이 입장에서는 그게 자기 몸의 의사에 반하는 경험이 됩니다. 부모님도 이렇게 하면서 아이의 판단을 존중하는 연습을 하게 됩니다.

딸 성교육 2

가족 사이에도 주체성의 원칙을 지켜 주세요

◇ ◇ ◇

아이가 다른 사람의 몸에 접촉할 때도 마찬가지입니다. 역시 주체성이라는 원칙에 따라 판단하도록 해 주어야 해요. 내 몸의 주인이 나 자신이듯이 다른 사람의 몸의 주인은 그 사람 본인이라는 것, 따라서 다른 사람이 내 몸을 만지고자 할 때 내 동의를 받아야 하듯이 나도 다른 사람의 몸을 만지고자 할 때에는 그 사람의 동의를 받아야 한다는 것, 이것을 염두에 두고 행동하는 연습을 아이에게 계속 시켜야 해요.

상대가 가까운 가족이라 해도 예외가 아니에요. 가족이라고 해도, 아무리 나를 사랑해 주는 엄마 아빠라 해도 무작정 내 맘대로 스킨십을 해서는 안 된다는 것을 아이 자신도 알아야 해요.

아이들은 부모가 자신을 사랑하지 않을까 봐 두려워하는 감정을 항상 가지고 있어요. 그래서 부모님도 스킨십을 거부했다가 자칫 아이에게 상처를 줄까 봐 걱정되실 거예요. 그런 걱정 때문에 많은 부모님이 육체적으로 정신적으로 너무나 피곤할 때조차 아이의 요구를 거부하지 못하고 받아 주는데, 그건 부모님 자신에게도 좋지 않고 아이에게도 좋지 않아요. 서로 기분이 좋고 동의가 된 상태에서 스킨십을 해야죠.

부모님이 죄책감을 안고 찜찜한 상태로 스킨십을 받아 주는 건 부모님 자신을 지나치게 희생하는 거예요. 희생하지 않으셔도 돼요. 희생하지 말고 존중하면 됩니다. 부모님은 아이의 주체성을 존중하고, 아이는 부모의 주체성을 존중하고, 그렇게 상호 존중을 하는 거예요.

이때 중요한 과정이, 아이에게 부모님의 의사와 감정을 전해 주는 겁니다. 죄책감 때문에 자신의 감정은 밀쳐 두고 아이의 스킨십 요구를 무조건 받아 주다가 어느 순간 폭발해서 "안 돼! 저리 가!" 하는 부모님들이 많아요. 부모님들도 자신의 의사를 설명하는 연습을 많이 안 해 봐서 그래요. "엄마가 좀 전에 전화를 받고서 기분이 상한 상태야. 엄마 기분이 풀린 다음에 안아 줄게. 네가 싫어서가 절대 아니야." 하고 충분히 설명해 주세요. 변명을 하는 게 아니라 설명을 하는 거예요.

아이가 처음에는 당황하고 떼를 쓸 수 있어요. 하지만 익숙해지면 아이도 이해하고 "엄마 기분 풀리면 안아 줘요." 할 거예요. 신뢰가 바탕이 되어 있으면 아이가 불안해하지 않아요. 또 그렇게 해야 아이에게도 부모의 감정, 다른 사람의 감정을 존중하는 연습이 됩니다. 스킨십 예절을 익히는 겁니다.

제가 '5:5 관계 소통 법칙'을 소개해 드릴게요. 부모님은 그냥 서 있고 아이만 달려와서 껴안는 포옹을 자주 봅니다. 이런 포옹은 0:10 인 것입니다. 그렇다면 5:5 란 무엇인지 쉽게 이해되시지요? 부모님도 아이에게, 아이도 부모님에게 다가가서 안아 주는 것입니다. 이런 포옹은 서로가 서로의 주체성을 존중하는 연습인 셈이에요. 독자분들도 한번 활용해 보세요.

스킨십을 할 때 상대의 주체성을 존중하는 것은 부부 사이에도 중요해요. 부부끼리 있을 때에는 물론이고 아이 앞에서도 말이죠. 아이는 부모의 행동을 보고 배우지 않습니까. 몸의 주인은 그 사람 자신이라는 거, 부모님도 꼭 알아 두셔야 합니다.

딸 성교육 3

남이 예뻐한다고 스킨십을 동의하도록 하지 마세요

◇ ◇ ◇

가족 외에 친척 어른이라든가, 부모님의 친구라든가, 아니면 집 밖에서 우연히 만난 낯선 어른이 아이를 보고 무턱대고 "아유, 예쁘다." 하고 스킨십을 할 때가 있을 거예요. 이럴 때도 꼭 아이가 선택하도록 해야 합니다. "한번 안아 봐도 되니?" "뽀뽀해도 될까?" 하고 아이에게 물어보게 하는 거예요. 손등, 이마, 코, 볼 등 아이가 스킨십을 동의할 수 있는 신체 부위를 정하도록 부모가 도와주는 것도 좋아요.

그런데 부모님들은 오히려 아이에게 스킨십을 받아들이도록 타이르는 경우가 많아요. "너 예쁘다고 그러시는 거잖아." 하고 말이에요. 특히 아들 부모님보다 딸 부모님이 이러시는 경우가

많습니다. 부모님은 우리 딸이 어른들 말씀 잘 듣는 착한 아이였으면, 어른들에게 예쁨 받는 아이였으면 하는 마음에서 그럴 거예요.

하지만 그건 착한 딸로 키우는 것이 아니에요. 딸의 감정과 판단을 무시하는 것이고 주체성을 억누르는 것입니다. 어른이 아이를 예뻐한다는 이유로 아이가 스킨십을 억지로 받아들이는 상황에 놓이게 하면 안 됩니다.

제가 여자아이들에게 이런 이야기를 참 많이 들었어요. "제가 뽀뽀하기 싫다는데도 엄마 아빠가 그러면 안 된다고 했어요. 할머니, 할아버지가 섭섭해하신다고 했어요." "여기까지 왔는데 안아 드려야지 하고 자꾸 그랬어요." 이런 이야기를 들으면 아이는 혼란스러워합니다. 나는 그냥 싫다고 나의 감정을 표현했을 뿐인데 내가 나쁜 아이가 되는 건가 하고 말입니다. 결국 아이들은 대개 어른들의 압박과 주변의 분위기에 못 이겨 스킨십을 하게 됩니다. 그렇게 기껏 집 안에서 해 놓은 주체성 연습이 와르르 무너져 내리는 셈입니다.

부모와 친분이 있는 어른이라고 해서 아이가 꼭 친근감을 느끼지는 않거든요. 오랜만에 보니 낯설어서 싫을 수도 있고, 담배 냄새가 나서 싫을 수도 있고, 수염 때문에 따가워서 싫을 수도 있어요. 매일 보는 가족끼리도 뽀뽀하기 싫을 때가 있는데 하물며 몇 달에 한 번 명절에나 겨우 보는 어른이 뽀뽀하자고 하면 아이 입장에서 어떻겠습니까. 손녀를 너무도 사랑하는 할아버지, 할머니라 해도 말이에요.

어른이라는 이유로 아이에게 강요해서는 안 돼요. 아이가 정 예쁘면 얼마든지 다른 방법으로 표현할 수 있거든요. 그냥 말로 "예쁘구나."라고 해도 되고, 아이가 원하는 만큼의 용돈이나 선물을 다른 사람들도 보는 곳에서 부모의 동의 하에 줘도 돼요.

낯선 사람이 아이에게 스킨십을 하는 경우도 짚고 넘어갈게요. 이 스킨십이라는 것이 언뜻 그냥 가벼운 행동처럼 보일 수 있어요. 예를 들어 지하철에서 앉아 있는데 옆에 있는 아저씨나 아줌마가 "너 참 귀엽구나." 하면서 볼을 꼬집는 거예요. 하지만 살짝 만졌다 해도 어쨌든 아이의 의사를 묻지 않고 만진 것이라면 그것은 허용해서는 안 되는 겁니다.

낯선 사람이 이렇게 하면 아이가 부모를 쳐다볼 거예요. '나를 지켜 주세요.' 하는 뜻이에요. 그러면 부모님이 그 아저씨한테 분명히 말씀하셔야 합니다. "저기, 아저씨, 우리 애한테 동의받고 만지신 거예요? 부모인 저도 아이에게 동의받고 만지는데 아저씨가 함부로 만지시면 안 돼요." 아이는 그런 상황을 보면서 다시 한 번 알게 되는 거예요. '누구도 내 의사에 반해서 내 몸을 만져서는 안 되는구나.' 하고요. '더불어 부모님이 나를 지켜 주는구나.' 하는 신뢰도 생기는 거고요.

이게 넓게 보자면 아동 성폭력 문제와도 연관되어 있어요. 아동 성추행범은 타깃으로 삼은 아이에게 "너 참 예쁘다. 나랑 같이 갈래?" 하는 말로 유인하거나 "좀 만져 보자. 네가 귀여워서 만져 보고 싶은 거야." 하면서 몸에 손을 대려는 경우가 많아요. 그럴 때 스스로 판단하고 결정하는 데 익숙한 아이라면 이것이 비정상적인 상황이라는 점을 단박에 인지하고 거부합니다. 어른들이 자기를 예뻐한다고 해서 그 요구를 들어줄 필요가 없다는 사실을 분명하게 아니까요.

딸 성교육 4

어릴 때부터 성기의 정확한 명칭을 말해 주세요

◇ ◇ ◇

이에 관해서는 1부에서도 다루었습니다만 여기서 좀 더 구체적으로 다루고자 합니다. 성기의 정확한 명칭을 말하는 것은 아이가 아주 어릴 때부터 시작해야 하는 것이기 때문이에요.

아이의 성기를 딸의 경우는 '잠지', 아들의 경우는 '고추'라고 많이들 지칭하곤 합니다. 그런 용어 자체에 문제가 있는 것은 아니에요. 저는 그런 용어를 쓰면 안 된다고 말씀드리는 것이 아니라, 다만 그런 용어들과 함께 정확한 명칭도 함께 지칭해 주시면 더 좋다고 말씀드리는 것이지요.

아이에게 "맘마 먹자."라고 하기도 하고 "밥 먹자."라고 하기도 하잖아요. "까까 먹자."라고 하기도 하고 "과자 먹자."라고 하기도 하고요. 아이 눈높이에 맞춘 용어를 썼다가, 일반적인 용어를 썼다가, 이렇게 자연스럽게 병행하죠.

성기를 지칭할 때도 이와 비슷하게 한다고 생각하시면 됩니다. 아이의 몸을 씻겨 줄 때 "잠지도 씻자."라고 했다가 "음순도 씻자."라고도 했다가 "여기는 음순이지." 하고 더 구체적으로 짚어 주기도 하시고요.

이렇게 하는 것은 성기에 대한 용어, 성적인 용어를 자연스레 접하게 하기 위해서예요. 어떤 언어를 쓰느냐는 아이의 가치관 정립에 지대한 영향을 미치거든요.

특히나 이게 딸에게 중요한 이유가 있어요. 앞에서도 언급했습니다만, 딸 부모님은 아들 부모님에 비해 아이의 성기에 대한 표현을 잘 안 하는 경향이 있거든요. 딸의 성기는 아들의 성기보다 눈에 잘 띄지 않으면서 구조가 더 복잡하기 때문이기도 하지만, 더 큰 이유는 여성의 성기에 대해 말하는 것을 꺼리는 사회 분위기 때문일 거예요. 그래서 엄마들 중에는 자신도 여성이면서 아직도 여성의 성기 어떤 부분에 어떤 이름이 붙어 있는지조차 잘 모르는 분이 굉장히 많아요. 아빠들이야 말할 것도 없고요.

그래서 딸은 어릴 때 '대음순' '소음순' '질' 같은 정확한 명칭은 커녕 '잠지'라는 말조차 잘 듣지 못해요. 자신의 성기에 대해 제대로 알지 못하는데 어떻게 성에 대해 주체성과 용기를 기를 수 있겠습니까. 우리 딸들이 성에 대해 주체성을 가지지 못하는 것은 이렇게 어릴 적부터 시작되는 것입니다.

알고 보면 말이죠, 원래는 '잠지'조차 정확한 명칭이 아니에요. 표준국어대사전을 보면 잠지의 뜻이 '남자아이의 성기를 완곡하게 이르는 말'이라고 되어 있거든요. 그렇다면 여자아이의 성기를 완곡하게 이르는 말은 뭘까요? 없습니다! 사전상으로는 아예 존재하지 않아요. 그러다 지난 1990년대부터 성교육이 조금씩 확대되면서 잠지가 여자아이의 성기를 가리키는 말로 대체되어 사용되기 시작한 거랍니다. 그만큼 우리가 그동안 딸들에게 성기에 대해 이야기하지 않았다는 사실을 알 수 있습니다.

성기도 엄연히 우리가 잘 알아야 할 몸의 일부예요. 부모님 자신도 여성의 성기에 대해 잘 모른다면 이렇게 딸과 함께 성기의 정확한 명칭을 말하는 것부터 출발해 보시면 좋겠습니다. 자신의 몸에 대한 명칭을 정확히 아는 아이만이 자신의 몸을 사랑할 줄도 알게 됩니다.

딸 성교육 5

아이에게 자신의 성기를 관찰하게 하세요

◇ ◇ ◇

〈거룩한 분노〉라는 영화가 있습니다. 우리나라에서도 개봉했습니다만, 할리우드 블록버스터 영화가 아니라 스위스 영화라 보신 분들이 많지는 않을 거예요. 이 영화는 1970년대 스위스의 시골 마을에서 벌어진 여성 참정권 운동을 다루고 있습니다. 스위스는 유럽에서 여성 참정권이 가장 늦게 부여된 나라입니다.

왜 난데없이 여성 참정권을 다룬 영화를 소개하나 싶으시지요. 바로 이 장면 때문입니다. 주인공은 프랑스에서 벌어진 여성 시위에 참여했다가 우연히 어떤 모임에 참석하게 됩니다. 다름 아닌, 여성들이 손거울을 가지고 자신의 성기를 관찰하는 모임이었지요. 20~30대의 젊은 여성부터 70세가 넘은 여성 노인까지 모두 난생처음 자신의 성기를 자세히 들여다보며 신기해하고 즐거워합니다.

이 글을 읽고 계신 엄마들은 어떠하신가요? 자신의 성기를 꼼꼼히 관찰해 보신 적이 있으신가요? 제가 강의 중에 질문하면 그렇다고 대답하시는 분이 많지 않더군요. 엄마들부터 이러니 딸들이 자신의 성기를 관찰할 기회를 가지기가 쉽지 않을 수밖에요.

남성은 타고난 성기의 구조상 자신의 성기를 관찰하기가 참 쉽습니다. 굳이 관찰하겠다고 마음먹지 않아도 일상적으로 자신의 성기를 보게 되잖아요. 하지만 여성은 타고난 성기의 구조상 그렇게 되지 않지요. 그래서 일부러 의식해서 자신의 성기를 관찰해야겠다고 생각해야 합니다. 몸을 구부려서 관찰할 수도 있지만 그러려면 자세가 너무 불편합니다.

제가 평소 추천하는 방법은 영화 〈거룩한 분노〉에서와 같이 거울을 동원하는 것입니다. 딸에게 해 보라고 하기에 앞서 먼저 엄마부터 꼭 해 보세요. 남의 방해를 받지 않을 자기만의 장소에서 하는 것이 좋습니다. 원하는 만큼 관찰할 수 있도록 시간 여유가 있는 상태에서 하는 것이 좋고요. 물론 조명은 충분히 밝아야겠지요.

맨 처음 '외음부'로 불리는 바깥쪽 생식기를 볼 수 있습니다. 이곳의 기능은 출산, 생리, 성교 기관으로 많은 역할을 담당하고

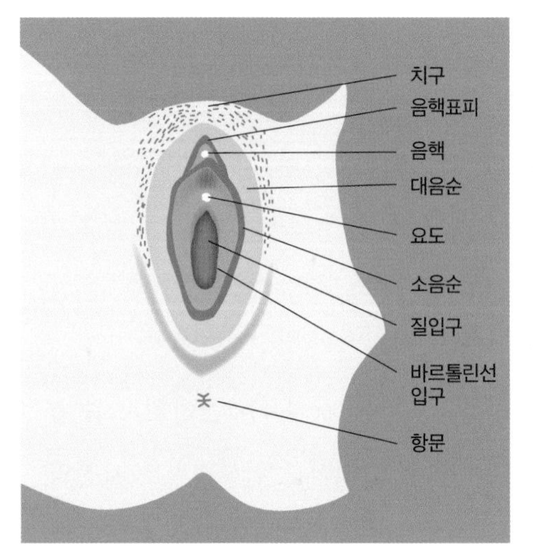

있습니다. 다리를 넓게 벌리고 거울을 보면 음모가 다리 사이에서부터 항문 주변까지 덮여 있는데 밖의 조직을 '외음순(대음순)', 안쪽 조직을 '내음순(소음순)'이라 부릅니다. 이 대음순은 사람마다 다르게 생겼습니다. 내음순은 부드럽고 접촉에 민감하며 성적 자극이 있으면 부풀고 색이 짙어집니다. 치골 중에 음모가 자라는 '치구'라는 부드러운 지방 조직이 있습니다. 치구 바로 밑에 앞쪽으로 내음순이 합쳐지면서 부드러운 피부가 걸쳐진 부분이 덮개로써 '귀두'를 덮고 있습니다. '귀두'는 '음핵'의 끝부분인데, 덮개를 조심스럽게 벌리면 귀두를 볼 수 있습니다. 귀두는 전체 생식기관 중 가장 예민한 부분으로 성적으로 흥분하면 부풀어 오르는 발기성 조직으로 구성되어 있습니다. 덮개에서 치골 결합 부분까지 더듬어 보면 피부 바로 밑에 단단하고 탄력 있는 움직일 수 있는 인대가 만져질 거예요. 이곳을 만지면 가끔 성적으로 흥분하기도 합니다. 이곳은 '음핵줄기'로 '음핵'은 귀두, 기둥, 다리로 광

범위한 기관을 뜻합니다.

저도 종종 일부러 시간 내어 제 성기를 관찰합니다. 나이가 들면서 성기의 모양도 조금씩 달라지더군요. 어느 날부터인가 음모에 흰 털도 섞여 있는 것이 보이고요. 저는 이렇게 저와 함께 나이를 먹어 가는 제 성기를 그 자체로 아낍니다. 여성이 자신의 성기를 관찰해야 하는 이유는 이렇게 스스로의 몸을 사랑하게 하기 위해서입니다.

자신의 성기를 관찰해야 하는 또 하나의 이유는 위생상의 이유 때문입니다. 타고난 구조상 여성의 성기는 남성의 성기보다 꼼꼼히 깨끗하게 씻기가 번거롭습니다. 대부분의 여성은 샤워할 때 성기 겉면만 대충 쓱쓱 문지르고 넘어가는데, 그렇게 하면 성기의 피부 주름 사이사이에 껴 있는 분비물이 완전하게 씻겨 나가지 않습니다. 손가락으로 성기의 구석구석까지 잘 벌려서 씻어야 합니다.

제가 이 책을 쓴 가장 큰 목표는 딸들이 올바른 성교육을 받게 하기 위해서이지만, 그 목표에는 부모님들 스스로 이 시대에 맞는 새로운 성교육을 받기를 바라는 속내도 포함되어 있답니다. 이 책의 다른 부분도 그렇지만, 이 장의 내용은 더욱 엄마들이 먼저 실천해 보셔야 합니다. 그런 다음에 딸들에게도 어떻게 하면 되는지 설명해 주세요.

딸 성교육 6

블록을 활용해 성관계를 설명해 보세요

◇ ◇ ◇

"엄마, 아기는 어떻게 만들어지는 거예요?"라고 아이가 물어볼 때가 있습니다. 아이에게 남녀의 성관계, 특히 여자 성기와 남자 성기의 결합을 설명할 때에는 레고 같은 블록을 활용하면 좋습니다. 아이들이 블록을 자주 가지고 놀잖아요. 그 블록 중에서 오목한 모양(凹)의 블록과 볼록한 모양(凸)의 블록을 가지고, 또는 블록으로 그런 모양을 만들어서 설명하는 거예요. 실제로 저도 유치원 아이들을 대상으로 성교육을 할 때 블록을 이용하곤 했습니다.

두 블록 중에서 들어간 모양은 여자이고 튀어나온 모양은 남자인데 이 둘이 만나게 된다, 그렇게 만나게 되는 지점에서 아기가 만들어져서 9개월 후에 세상에 나온다 하는 식으로 설명해 주면 됩니다. 정자와 난자도 설명해 주고요. 성기가 결합할 때 정자와 난자가 만날 수도 있고 안 만날 수도 있는데 만나게 되면 아기가 생긴다는 식으로요.

이때 반드시 염두에 두셔야 할 점이 두 가지 있습니다. 하나는, 부모님이 더 조급해져서 억지로 먼저 설명하려 들지 말고 아이의 단계에 맞추어야 한다는 점이에요. 아이가 성에 대해 어느 정도 인지하고 있는지, 어느 정도 호기심을 가지고 있는지 파악해서 그에 따라 설명해 주어야 한다는 뜻입니다.

예를 들어 아이가 "아기는 어떻게 생기는 거야?"라고 질문한다면 그것이 바로 아이가 성기 결합에 대한 설명을 필요로 하는 단계에 접어들었다는 신호입니다. 아이가 그런 신호를 보내면 부모님은 블록을 가지고 다시 질문해 보세요. "여자와 남자 중에 이렇게 볼록한 게 뭘까? 그리고 오목한 건?" 만약 이 질문에 대해 아이가 "볼록한 건 남자고 오목한 건 여자지." 하고 대답한다면 이 아이는 남녀 성기 구조에 대해 잘 인식하고 있는 거예요. 그러면 블록으로 계속 설명해 주시면 됩니다.

만약 아이가 "잘 모르겠는데." 하거나 대답 자체를 얼버무린다면 이 아이는 아직 성기 결합에 대해 설명해도 잘 이해하지 못할 가능성이 커요. 그럴 때에는 블록을 이용한 구체적인 설명은 뒤로 미루고, "엄마 배 안에서 생기지." 하는 정도로 설명하세요. 아이가 호기심을 가지고 계속 설명을 요구한다면 그에 맞춰서 설명의 단계를 조절해 주시고요.

염두에 두셔야 할 점 또 하나는, 이때도 딸에게 주체성의 중요성 그리고 스킨십의 원칙을 짚어 주셔야 한다는 점이에요. 사랑하는 사람과의 성관계에 앞서 두 사람이 서로 동의하고 허락해야 하며, 자신이 성관계를 가질지 여부는 주체적으로 판단해야 한다는 사실을 이야기해 주는 것입니다. 이런 이야기는 아무리 강조해서 반복하고 또 반복해도 모자라지 않아요. 단순히 성 지식을 알려 주는 것보다 훨씬 근본적인 성교육이라 할 수 있습니다.

딸 성교육 7

자위 예절을 가르쳐 주세요

◇ ◇ ◇

저는 아들만 있어서 아주 어린 여자아이의 성기를 본 적이 없었어요. 그러다 여동생이 딸을 낳자 기저귀를 갈아 주다가 보게 되었지요. 성인 여성에 비해 도톰하게 튀어 나와 있더라고요. 제가 놀라니까 여동생이 이렇게 말했어요. "언니, 나도 몰랐는데 딸 낳아서 보니까 그렇더라."

이런 성기 구조 때문에 아이는 일상생활에서 성기의 마찰로 인한 쾌감을 경험하게 됩니다. 제가 접한 사례만 해도 다양합니다. 부모가 바지나 스타킹을 입혀 줄 때 경험하기도 하고, 부모의 무릎에 앉아 있다가 경험하기도 하고, 시소를 타다가 경험하기도 합니다. 베개나 소파 손잡이를 다리 사이에 끼고 놀다가 경험하기도 하고요. 그러면서 스스로 그 경험을 재현하려고 하면서 유아 자위로 이어지는 것이지요. 3~6세 아이들이 이런 행동을 보이는 경우가 많습니다.

현장을 목격한 부모님들은 참 당황해합니다. 하지만 이 시기 아이의 자위행위를 청소년이나 성인들이 하는 자위행위와 같은 수준으로 보아서는 안 됩니다. 특정한 성적 공상을 하면서 자위행위를 하는 게 아니니까요.

다만 오랫동안 방치하거나 잘못 지도하면 발달에 좋지 않은 영향을 미칠 수도 있습니다. 너무 걱정할 필요도 없지만 그래도 부모로서 관찰과 대화가 필요한 것이죠.

가장 나쁜 대응은 "왜 거기를 만지니? 더러워, 손 씻어!" "너 거기를 자꾸 만지면 벌레가 나온다!"라는 식으로 윽박지르는 것입니다. 아이는 성기가 더러운 것이라는 선입견을 가지게 되고, 버릇을 고치기보다는 부모님의 눈을 속이면서 더욱더 만지게 됩니다.

"성기는 중요한 곳인데 너무 만지면 병균이 들어가게 된다."라고 친절하게 설명해 주세요. 그리고 아이가 좋아할 만한 장난감으로 아이의 호기심을 자연스럽게 돌려 성기에 대한 관심이 분산되게 해 주세요. 이때 장난감은 콜라주, 페인팅, 모래놀이, 물놀이, 찰흙 놀이, 촉감주머니, 요리 활동 등의 감각 중심 놀이로 선택하는 게 좋습니다.

그렇다고 너무 억지로 관심을 돌리려고 하면 아이는 자위행위가 나쁘다는 암시를 받게 되므로 주의하셔야 합니다. 부모님 스스로 아이가 그럴 수도 있다는 태도를 가지셔야 합니다. 아이의 자위행위를 끊으려 하지 마세요. 그보다는 자위행위에도 지켜야 할 일종의 예절이 있다는 점을 알려 주세요.

첫째, 혼자 있는 곳에서만 해야 한다는 점. 아이에게 "혼자만 있을 수 있는 곳이 어디지?" 하고 물어보세요. 아이가 "화장실."이라거나 "내 방."이라고 대답하겠죠. 그러면 "맞아. 성기를 만지는 건 그런 곳에서만 하는 거야."라고 설명하세요. "거실은 여러 사람이 함께 있는 장소니까 안 돼."라고도 얘기해 주시고요. 아이들은 거실도 자기 방이라고 알고 있는 경우가 많거든요.

둘째, 마음대로 만질 수 있는 성기는 내 것뿐이라는 점. 남에게 내 성기를 보여 주는 것도, 남의 성기를 만지거나 보는 것도 금물이라고 설명해 주세요.

셋째, 손을 씻고 만져야 한다는 점. 이 부분은 좀 자세히 말씀드릴게요. 더러운 병균이 중요한 부분인 생식기에 들어간다고 약간 경고성으로 이야기해 주면 아이는 그 말을 믿고 열심히 손을 씻을 거예요. 이 시기 아이는 질병에 관한 불안 심리가 있어서 대개 손을 잘 씻습니다. 그런데 부모님이 손을 다 씻은 뒤에는 성기를 만져도 된다고 해도, 막상 아이는 손을 씻고 난 후에는 이전보다 자위행위를 덜 하게 됩니다.

손을 씻는 것에는 성적 욕구를 조절하는 효과가 있습니다. 아이는 마음속에 일어났던 욕구가 찬물로 인해 조금씩 사라지는 것을 경험하게 됩니다. 빨리 씻고 만져야지 생각했다가 찬물로 인해 그 생각이 옅어지는 것입니다. 다시 한 번 강조하자면, 자위행위 자체가 불결한 것이니 손을 씻어야 한다는 식으로 스트레스를 주어서는 안 됩니다.

사실 제가 더 지적하고 싶은 것은 아이가 자위를 한다는 사실 자체보다도 부모님들의 대응입니다. 내가 상담을 해 보니까 아들 부모님들보다 딸 부모님들이 아이의 자위에 대해 더 많이 걱정하고 더 많이 힘들어하세요. 아들 부모님들은 당황하더라도 내심 '아들이니 그럴 수도 있지.' 하고 생각하시는데 딸 부모님들은 '세상에, 우리 딸이 어떻게…….' 하고 생각하시는 거예요. 똑같은 자위인데도 말이에요. 이건 부모님들이 여성의 성적 행동을 죄악시하는 사회적 편견을 가지고 있기 때문이에요. 아이가 자위를 할 때 알려 주어야 할 것은 자위 예절이지 죄책감이 아닙니다.

딸 성교육 8

아이 옷과 장난감을 살 때 성 고정 관념에 따르지 마세요

◇ ◇ ◇

아기 옷을 파는 매장에 가면 제일 먼저 듣게 되는 질문이 뭘까요? 바로 "남아인가요, 여아인가요?"입니다. 남아라고 하면 파란색 계열의 옷을 권해 주고, 여아라고 하면 분홍색 계열의 옷을 권해 주지요.

여자 배우가 시상식에서 바지 정장을 입기도 하고 남자가 스키니진 위에 치마를 코디하기도 하는 시대입니다. 사회적으로 강요되는 여성적인 치장을 거부하는 탈코르셋 운동을 주장하는 여성들이 있는가 하면, 남자는 너무 꾸미면 안 된다는 고정관념을 깨고 뷰티 유튜버로 활동하는 남성들도 있는 시대입니다. 그런 시대에 왜 굳이 아기들에게 남자다운 옷, 여자다운 옷을 입히려 하

는지 모르겠습니다.

애초에 남자다운 색깔, 여자다운 색깔이라는 것도 그저 고정관념에 불과할 뿐인데 말이에요. 19세기 유럽에서는 빨간색이 남자다운 색으로 여겨지곤 했습니다. 그 당시 아이들의 초상화를 보면 확인할 수 있지요.

장난감들도 그래요. 남자아이용으로는 총이나 로봇, 여자아이용으로는 인형이나 소꿉이 주로 권장됩니다. 결국 놀이도 남자아이용 거친 놀이, 여자아이용 집안일 놀이로 나뉘는 것입니다.

그런데 사실 이보다 난감한 일은 따로 있습니다. 부모가 젠더 감수성을 신경 쓰며 키웠는데도 일정한 나이에 이른 딸이 소위 여자 색깔이라고 하는 것, 소위 여자아이 장난감이라고 하는 것들에 푹 빠지는 경우입니다. 반대로 아들이 소위 남자 색깔이라고 하는 것, 소위 남자아이 장난감이라고 하는 것들에 푹 빠지는 경우도 많고요.

딸 부모님 중에는 아이를 이전과 다른 방식으로 키우려고 의식적으로 신경 쓰는 분들이 아들 부모님보다 많은 편이에요. 상대적으로 여성이 사회에서 불리한 위치에 있는 경우가 많다 보니 내 딸만큼은 당당하게 살아가기를 바라는 마음 때문이지요. 그런데 정작 딸이 기존의 소위 여성적인 것을 선호하면 부모님은 당황하면서 "역시 남자 여자는 처음부터 다른 취향을 타고나는 건가?" 하고 생각하게 됩니다.

사실 전문가들도 이에 대한 명확한 답은 알지 못합니다. 애초에 아이가 그쪽을 선호하는 취향을 타고났을 수도 있습니다. 또는 부모님이 의도하지 않았더라도 아이가 미디어나 외부 환경을 통해 습득했을 수도 있습니다. 저는 후자 쪽에 더 무게를 두는 편입니다. 부모님은 미처 의식하지 못했겠지만, 아이는 바지를 입었을 때보다 원피스를 입었을 때 유독 주변 사람들에게 "아유, 예쁘다." 하고 칭찬받은 경험이 많을 겁니다. 또는 또래 친구들 중에 유독 얼굴이 예쁘거나 예쁘게 치장한 아이가 어른들의 주목을 받는 것을 자주 보았을 겁니다. 그러니 여성적인 것이 더 좋다고 인식하게 될 수밖에요. 아이들은 어른들의 반응에 따라 행동하기 마련입니다.

하지만 굳이 원인이 무엇이냐를 따지는 것은 중요하지 않습니다. 부모님이 아이에게 어떤 기준과 태도를 보이느냐가 중요합니다.

아이가 원하는 옷이나 장난감이 기존의 성별 고정 관념을 따르는 것이라 해서 굳이 거부하실 필요는 없습니다. 사 주시되 부모님이 아이와 충분히 대화를 나누세요. "왜 이게 좋은 거니?" 하고 이야기를 시작해서 "이 색깔 말고 다른 색깔 옷도 어울릴 것 같지 않아?" 하고 유도해 보실 수도 있고 "근데 인형 말고 다른 건 어때? 자동차도 있고 로봇도 있네." 하고 권해 보실 수도 있습니다. "여자 인형들이 너무 삐쩍 말라 있네. 네가 이렇게 되려고 한다면 건강을 엄청 해칠 것 같구나." 하고 장난감 속에 담긴 편견을 설명해 주실 수도 있고요.

이렇게 하신다 해도 아이는 여전히 자신의 취향을 고집할 수 있습니다. 어쩌면 그런 아이가 더 많을 거예요. 그래도 너무 초조해하거나 "어휴, 그동안 가르친 게 다 소용없네." 하고 자포자기하지 마세요. 어차피 아이의 취향은 이때 고정되는 것이 아니라 계속 변해 나갑니다. 부모님 스스로 흔들리지 않고 주관을 지켜 나가는 자세를 가지셔야 합니다.

딸 성교육 9

딸과 아빠의 목욕은 어느 시기까지?

◇ ◇ ◇

목욕 시간은 취학 전 아이들이 성에 대해 자연스럽고 구체적으로 인식할 수 있는 기회가 됩니다. 목욕하는 순서를 통해 옷을 입고 벗는 것, 신체를 살펴보고 각 신체 부위의 명칭을 말하는 것, 몸에 대해 좋은 느낌이나 싫은 느낌을 표현하는 것 등이 모두 좋은 교육이 됩니다.

특히 아이들은 가족과 함께 목욕하면서 부모나 형제자매의 생식기를 보게 되고, 그러면서 남자의 성기와 여자의 성기가 다르다는 사실을 알게 됩니다. 또 부모님의 몸을 살펴보고 자신의 몸을 비교해 보면서 털의 존재에 대해 알게 되기도 하고요.

그래서 저는 아빠들에게 딸이 갓난아기일 때부터 함께 목욕하는 시간을 자주 가지시라고 권합니다. 바쁘다면 주말에라도 말이지요. 그러면서 아빠가 딸에게 자연스럽게 몸 교육을 시킬 수 있습니다.

하지만 딸이 자라면서 아빠와 목욕을 분리해야 하는 시기가 옵니다. 목욕에 대해서는 각 가정마다 나름의 문화가 있으므로 그 시기는 다양할 수 있습니다. 그래도 대략적으로 다섯 살 이후에는 목욕을 따로 하는 것이 좋습니다.

특히 아빠와 아이 중 어느 한 쪽이 불편함이나 어색함을 느끼면 분리해 주어야 합니다. 예를 들어 전에는 그러지 않던 아이가 지나치게 호기심 어린 눈으로 아빠의 몸을 훑어본다면, 그것은 아빠의 몸을 대하는 아이의 태도에 성적인 의식이 생기기 시작한 것일 수 있습니다. 그러면 아빠는 엄마와 상의해서 딸과의 목욕을 엄마가 전담하도록 하시면 됩니다.

이때 "이제는 너의 몸을 더 조심하는 의미에서 따로 목욕하는 거야."라고 이야기해 주세요. 그러면 아이는 부모의 의도를 이해하면서 몸의 소중함도 알게 됩니다.

아빠는 목욕을 분리하려고 하는데 아이가 계속 아빠와 목욕하고 싶다고 고집을 부리는 경우도 있어요. 그럴 때에는 아빠는 속옷을 입은 채 아이를 씻겨 주거나 엄마와 아빠가 같이 아이를 씻겨 주는 식으로 중간 단계를 거치는 것도 좋습니다.

참, 목욕 외에 추가로 강조하고 싶은 점이 있습니다. 몸의 노출과 관련이 있기 때문이에요. 집 안에서 옷을 다 벗고, 혹은 거의 벗다시피 한 채로 돌아다니는 분들이 계세요. 아무래도 엄마보다는 아빠가 그런 경우가 많은 것 같아요. 나머지 가족이 그런 것에 전혀 불편함을 느끼지 않는다면 넘어갈 수도 있겠지만, 가족 중 누구라도 불쾌함을 느낀다면 가족회의를 열어서 옷을 입는 쪽으로 합의해야 해요. 그게 아이에게도 메시지를 주는 거예요. 아무리 자기 몸이라도 노출 때문에 남을 불편하게 해서는 안 된다는 거죠.

딸 성교육 10

아이가 이성 친구에게 관심을 보인다면?

◇ ◇ ◇

아이가 5~6세가 되면 이성 친구에게 관심을 보이기 시작할 거예요. "우리 반에서 ○○가 제일 잘생겼어." 하기도 하고 "나는 나중에 △△랑 결혼할 거야." 하기도 하죠.

이 자체는 그 시기에 무척이나 자연스러운 일이에요. 그런데 아이가 자신의 감정을 상대 아이에게 어떻게 표현하는지, 상대의 반응을 어떻게 받아들이고 있는지는 점검해 보셔야 합니다.

아이 자신이 가지는 감정이나 아이가 취하는 행동에 대해 질문을 건네 보세요. "그 애의 어떤 면이 가장 좋니?" "그 애한테 뭐라고 표현하니?" "그 애랑 손도 잡고 다니니?" 등의 질문을 할 수 있겠지요. 또 상대 아이가 보이는 반응이나 행동에 대한 질문도 건네 보세요. "걔도 네가 좋대?" "좋다고 하면서 어떻게 행동하니?" "너한테 뭘 해 달라고 부탁하는 건 없어?" 하고 말이에요.

만약 내 아이든 상대 아이든 한쪽이 일방적으로 좋아한다든가, 좋아한다는 이유로 상대가 원하지 않는 행동을 한다면 지도가 필요한 상황이에요. 예를 들어 싫다는데도 쫓아다니면서 억지로 뽀뽀하는 것은 아무리 아이들 사이라 해도 엄연한 폭력입니다.

딸 부모님들은 대개 아이가 이런 행동을 당하면 어떡하나 하는 걱정을 하시는데, 아이가 상대에게 이런 행동을 할 가능성도 함께 염두에 두셔야 합니다. 일단은 아이에게 상대가 좋아하는 행동을 알아보라고 한 후 그 행동을 해 보라고 이야기해 줍니다. 그러고 나서도 상대의 반응에 변함이 없다면 억지로 다가가지 않게 지도해야 해요. 자신이 아무리 호감을 가지고 있어도 상대가 그 감정에 응하지 않으면 상대의 판단을 존중하게 하는 거예요.

반대로 상대 아이가 우리 아이를 좋아하는 경우에도 마찬가지예요. 좋아한다고 모든 행동을 다 받아 주어야 하는 것은 아닙니다. 집에서 자기결정권 훈련을 잘 받은 아이는 상대가 억지로 뽀뽀하려고 하면 '어? 우리 엄마도 나한테 뽀뽀할 때 물어보는데 쟤는 왜 안 물어보지?'라고 생각할 것이고 "하지 마."라고 분명히 말하겠죠. 평소 좋아하는 감정을 가지고 있었다 하더라도 그런 행동 자체에는 거부감을 느낄 거예요.

우리 아이든 상대 아이든 한쪽이 싫어하는데도 계속해서 접촉한다면 그냥 두시면 안 됩니다. 우리 아이가 그런 행동을 한다면 평소 집안 문화를 점검해 보셔야 하고요, 상대 아이가 그런 행동을 한다면 어린이집이나 유치원 선생님에게 말씀드리고 상대 아이 부모님에게도 전달되도록 하세요. 아이들 간에도 성추행이 벌어질 수 있어요. 정도가 심하다면 상담까지 받게 해야 합니다.

아이들 일이라고 그냥 넘어가도 되는 게 결코 아니에요. "그 나이 때에는 좀 그럴 수도 있지 뭘." "애들이 자라는 과정에서 일어날 수도 있는 일인데." 하는 말씀들을 많이 하시는데, 그 나이 때 아이들이라고 다 그러는 게 아닙니다. 제대로 성교육을 받은 아이들은 그러지 않아요.

아무리 어린아이들이라도 심한 행동, 예를 들어 다른 아이에게 아랫도리를 보여 달라고 하는 행동 등은 화장실 같은 장소에서 어른들 몰래 합니다. 잘못이라는 것을 인지하면서도 자신의 호기심이 우선하기 때문에 어른들 눈을 피해서 하는 거예요. 이게 더욱 심각한 성범죄로 가는 발단이 아니고 뭐겠습니까.

더 안타까운 경우는, 또래 친구로부터 성추행을 당하고서도 부모님에게 자신이 혼날까 봐 말도 못하고 있다가 연거푸 당하는 것입니다. 딸들은 이런 경우가 더 많을 거예요. 역시 제대로 성교육을 받은 딸들은 이러지 않습니다.

그래도 다행히 아직은 어리니까 어른들이 나서서 잘 알려 주고 상담해 주면 됩니다. 그러니까 더욱 주의해서 아이들을 관찰해야 하는 겁니다.

딸 성교육 11

아빠도 함께 참여하세요

◇ ◇ ◇

딸 성교육은 엄마가, 아들 성교육은 아빠가, 이렇게 부모가 역할을 나누어야 하는 걸까요? 그런데 저만 해도 그렇게 하지 않았습니다. 그동안 밝혀 왔듯이 저는 한 부모로서 아들을 키웠습니다. 아들 성교육도 당연히 제가 했습니다.

그런가 하면 반대로 한 부모인 아버지로부터 딸 성교육을 어떻게 해야 할지 고민된다는 상담을 받은 적도 많습니다. 기존의 성교육 상담이 대부분 엄마들을 대상으로 이루어지다 보니 그분들이 무척 난감해하고 답답해하시더군요.

제가 직접 실천해 보니 오히려 엄마이기 때문에 아들 성교육에 더 이로운 점도 분명 있었습니다. 제가 여자니까 아들에게 여자

입장에서 보다 잘 설명해 줄 수 있었거든요. 여자의 몸에 대해서도 그렇고 여자의 심리에 대해서도 그렇고요. 물론 엄마이기 때문에 부족한 점도 있긴 있었죠. 제 아들의 경우 피부에 상처를 내지 않고 면도하는 기술을 알고 싶은데 아빠에게 물어볼 수가 없으니 친구들한테 물어봤다고 하더라고요. 제가 그 얘기를 듣고 마음이 참 아팠습니다.

하지만 이런 것은 지엽적인 부분이고요, 큰 틀에서 제가 엄마로서 아들에게 한 성교육은 효과적이었습니다. 제가 엄마이기 때문이 아니라 바른 성교육에 대한 인식을 지니고 있었기 때문입니다. 제가 여러 번 강조하는데, 성교육이란 단순히 성 지식을 알려 주는 교육 이상이라는 점을 꼭 명심해 주셨으면 좋겠어요. 어떤 태도, 어떤 주관을 가지고 살아가게 할 것인가 하는 교육이라고 해도 과언이 아닙니다.

아빠도 얼마든지 딸 성교육을 할 수 있습니다. 자잘한 지식이나 기술적인 문제는 좀 놓친다 하더라도 큰 문제가 안 돼요. 핵심은 그런 지식이나 기술이 아니거든요. 딸의 성교육에서 핵심은 주체성과 용기잖아요. 엄마든 아빠든 이 핵심을 잘 알려 주는 것이 가장 중요해요. 그 외의 부분은 책이나 동영상 자료를 이용해서 해결하면 됩니다.

즉 성교육은 양육자가 함께 공동으로 져야 하는 의무이지 엄마나 아빠 한쪽만의 의무가 아닙니다. 부모가 한 집에서 함께 아이를 키우는 가정이라면 아빠도 엄마와 함께 성교육에 참여하세요. 그래야 아빠도 여자인 딸의 세계를 더 잘 이해할 수 있고 딸과 서로 신뢰를 구축할 수 있습니다.

이것은 엄마는 집에 머물고 아빠 혼자 경제 활동을 하는 가정이라고 해서 예외가 아닙니다. 아내가 알아서 하겠지 하고 나 몰라라 하지 마세요. 아이와 함께하는 시간이 적기 때문에 오히려 더 관심을 가지셔야 합니다.

우리 사회에는 그동안 여성 혐오가 너무도 만연했고, 이제는 그에 대한 반발로 남성 혐오까지 심각하게 불거지고 있습니다. 안타까운 일이지요. 저는 남성이 여성에 대해 잘 모르고, 여성도 남성에 대해 잘 모르기 때문에 이런 혐오 현상이 더욱 심해지고 있다는 생각이 듭니다. 그래서 한 부모 가정 같은 피치 못한 경우가 아니라면 엄마와 아빠가 함께 아이의 성교육을 하는 것이 바람직하다고 봅니다. 그래야 딸도 아들도 상대의 성에 대해 더 잘 이해할 수 있으니까요.

딸 성교육12

아이의 성정체성이 걱정된다면?

◇ ◇ ◇

아이가 바지와 티셔츠만 입으려고 한다든지, 짧은 커트 머리만 고집한다든지, 여자애들하고는 놀지 않으면서 남자애들하고만 어울린다든지 하면 걱정을 하는 부모님들이 계시더라고요. "우리 딸이 여성적인 아이로 자라야 하는데." 여기서 더 나아가 "혹시 우리 딸이 일반적이지 않은 성 정체성을 가지고 있는 것은 아닐까?" 하고 우려하기도 하고요. 그래서 어떤 부모님은 아이의 성향을 바로잡아야겠다는 생각에 억지로 원피스를 입히거나 리본을 달아 주기도 하십니다.

저는 이런 상황에서 부모님들이 너무 걱정하지 않으셔도 된다고 생각합니다. 아이를 바로잡으려는 것은 더욱 좋지 않다고 생각하고요. 여자아이들은 인형을 가지고 노는 것이 자연스럽다, 남자아이는 로봇이나 총을 가지고 노는 것이 자연스럽다, 그러지 않으면 성 정체성에 문제가 있는 거다, 이런 생각 자체가 고정 관념일 뿐입니다. 이 고정 관념이 아이들 뇌의 고른 발달을 제한하고 창의성을 떨어뜨리고 사회성 확립에도 좋지 않은 영향을 미칠 수 있습니다.

사람은 여성적인 성향과 남성적인 성향을 두루 가지고 태어납니다. 사실 여성적인 성향, 남성적인 성향이라고 표현하는 것보다는 부드러운 성향, 강한 성향이라고 표현하는 것이 더 맞겠죠. 그런데 어른들이 여자아이냐 남자아이냐에 따라 한쪽 성향으로만 교육시키려 하는 것이 더 문제입니다.

여자아이를 위한 놀이, 혹은 남자아이를 위한 놀이가 따로 있지 않아야 합니다. 남자아이든 여자아이든 인형이며 로봇이며 골고루 가지고 놀고, 소꿉놀이와 공놀이를 둘 다 했으면 좋겠습니다. 그렇게 자란 아이들이 두 가지 성역할을 균형 있게 키워 훗날 사회생활도 더 잘할 수 있고 인간관계도 더 잘 풀어 나갈 수 있습니다.

그렇다 해도 부모님 입장에서는 걱정되실 수 있어요. 남들이 이 집 부모는 딸을 왜 저렇게 막 키우나 색안경을 쓰고 볼까 봐 신경도 쓰이시겠죠. 저라면 아이에게 물어볼 거예요. "왜 치마는 입기 싫어? 왜 바지만 입고 싶은 거니?" 하고요. 아이가 그렇게 하는 데에는 어떤 사건이나 힘든 일이 계기가 되었을 수도 있으니까, "혹시 누가 놀렸니?" "누가 이렇게 입어야 한다고 했니?" 라고 물어도 보고요. 이런 대화를 통해 이유를 충분히 들어 보아야죠. 그래서 그 이유가 나름대로 합당하다면 저는 아이가 원하는 대로 해 주는 것이 맞다고 봅니다.

사실 이때는 아직 아무것도 모를 때예요. 그냥 별 이유 없이 그러는 것일 수도 있고, 어쩌면 애초에 강한 성향을 타고나서 그러는 것일 수도 있어요. 과거 같으면 그런 성향을 가진 여성은 배척받았겠지요. "암탉이 울면 집안이 망한다."라는 속담처럼 말이에요. 하지만 이제는 강한 성향이든 부드러운 성향이든 자신의 성향을 잘 알고 그것을 잘 살릴수록 행복하게 살아갈 수 있습니다. 부모님이 먼저 지레짐작해서 판단하거나 자신의 판단대로 아이를 교정하려는 것은 좋지 않습니다. 겁내실 필요 없습니다.

이와 관련해 최근에 인상적인 사례를 보았습니다. 인기 예능 프로그램 〈슈퍼맨이 돌아왔다〉에 출연 중인 배우 봉태규 씨와 아들 시하입니다. 시하는 축구 선수 이동국의 아들 시안이를 만나게 되는데, 시안이는 단발머리인 시하를 여자아이로 오해합니다. 게다가 시하는 여아용 분홍색 한복을 입기까지 했죠. 시안이는 나중에 기저귀를 가는 시하를 보고서야 시하가 남자라는 사실을 알게 됩니다. 이 에피소드를 보고 많은 시청자들이 우려를 표했다고 해요. 시하는 남자아이인데 성정체성을 헷갈리게 키우는 것이 아니냐고 말이에요. 그 우려에 대해 아빠 봉태규는 트위터에 이런 말을 남겼습니다.

"시하는 핑크색을 좋아하고 공주가 되고 싶어 하기도 합니다. 그렇다면 저는 응원하고 지지해 주려고요. 제가 생각할 때 가장 중요한 건 사회가 만들어 놓은 어떤 기준이 아니라 시하의 행복이니까요."

딸 성교육 13

동성애도 존중의 문제라고 알려 주세요

◇ ◇ ◇

아무래도 요즘은 과거에 비해 동성애가 많이 이슈화되다 보니 아이들도 동성애라는 단어를 자연스럽게 접하게 되는 경우가 많아요. 아이에게 동성애에 대한 질문을 받으면 많은 부모님이 난감해하시죠. 부모님도 동성애에 대해 잘 모르고 거부감을 느끼고 있는 경우가 많기 때문입니다.

저도 예전에는 동성애에 대해서 거부감을 가지고 있었어요. 하지만 동성애자들의 이야기를 들어 보고 관련 글도 읽어 보면서 태도를 바꾸게 되었습니다. 이건 자신과 다른 사람에 대한 '존중의 문제'예요.

먼저 동성애도 이성애와 마찬가지로 사랑의 한 형태라는 점을 인정해야 합니다. 누구에게 자신의 사랑을 줄 것인지, 어떤 방법으로 성생활을 할 것인지는 남이 간섭할 성질의 것이 아니지요. 그렇기에 그들만의 말 못할 이야기를 제대로 알지도 못하면서 오해하거나 불신하는 것은 옳지 않습니다. 또 동성애는 삶의 여러 형태 중 하나일 뿐 병적인 것도 변태적인 것도 아니기에 비판이나 혐오의 대상이 되어서도 안 됩니다. 동성애자도 정상적인 생활을 할 수 있고 행복한 삶을 누릴 수 있어요. 동성애자라고 실패한 인생이 결코 아닙니다.

동성애와 관련해 크게 두 가지 가능성을 생각해 볼 수 있어요.

하나는 아이가 동성애자일 가능성입니다. 전에 한 동성애자인 청소년을 만난 적이 있습니다. 이 아이는 "나는 왜 다른 남자애들처럼 여자애들한테는 별 관심이 없고 남자아이들에게 설레는 걸까?"에서 출발해 서서히 자신의 성적 정체성을 깨닫게 되었다고 고백했어요. 이 아이도 처음에는 "사춘기라 잠깐 이런 마음이 스쳐 지나가는 거겠지." 하고 부정하다가 "내가 동성애자이면 어떡해." 하고 불안해했다고 합니다. 이 경우 아이들은 혼자서 문제를 헤쳐 나가기 어렵습니다. 부모님을 비롯해 심리상담사, 학교 선생님과 친구들, 더 나아가 사회의 이해와 도움이 절대적으로 필요합니다.

그런데 이런 사실을 알게 되면 부모님들은 보통 아이들만큼이나 당황하고 화부터 냅니다. 자신이 교육을 잘못했기 때문이 아닌가 하고 자책도 하지요. 하지만 부모님이 먼저 이해해 주셔야 아이는 다른 사람들이 자기를 비판하고 경멸할 때 극복할 수 있습니다. 아이가 동성애자라는 이유로 부당하게 자신의 권리를 침해받지 않도록 부모님이 같이 노력해 주셔야 합니다.

또 하나는 아이가 타인의 동성애로 인해 피해를 입을 가능성입니다. 그런데 이것은 편견입니다. 동성애자들에 대해 막연한 공포감을 가진 사람들이 많아요. 여자들은 레즈비언이, 남자들은 게이가 자신에게 접근할까 봐 겁을 내는 거예요. 동성애자들이 들으면 기가 막힐 소리죠. 동성애자는 당연히 동성애자와 사귀려 하지 않겠어요? 이성애자 여자인 제가 남자가 아닌 여자에게는 성적 감정을 느끼지 못하듯이 동성애자도 마찬가지입니다.

흔히들 동성애자는 아무하고나 성관계를 갖는 것으로 아는데, 물론 개중에는 그런 동성애자도 있겠죠. 하지만 따지고 보면 성매매를 포함해 문란한 성생활을 하는 이성애자도 얼마나 많습니까. 동성애자냐, 이성애자냐가 아니라 개인에 따라 다른 문제인 겁니다. 많은 동성애자가 이성애자와 마찬가지로 자신의 취향에 맞는 파트너를 만나 장기적인 관계를 맺는 것을 선호합니다.

물론 동성애자로부터 성폭력 피해를 당하는 일도 분명히 존재하죠. 그런데 상대의 의사에 반해서 성적 접촉을 하려는 동성애자가 있다면 그건 동성애의 문제가 아니에요. 바로 존중의 문제입니다. 이성애자든 동성애자든 존중이 바탕이 되지 않은 성적 접촉은 폭력입니다.

아이에게 질문을 해서 동성애에 대해 얼마나 알고 있는지, 어떻게 인식하고 있는지 확인해 보세요. 아이가 기존의 편견대로 생각하고 있다면 동성애와 관련해서도 존중이 중요하다는 핵심을 전달해 주시면 됩니다.

사실 부모님들이 다른 지점을 더 걱정하셔야 되지 않나 싶어요. 우리 아이가 동성애자에게 피해를 받을까 하는 걱정보다는 우리 아이가 편견으로 인해 동성애자에게 치명적인 상처를 주게 되지 않을까 하는 걱정이 필요합니다. 실제로 많은 아이들이 어느 순간부터 동성애 혐오에 물들어 혐오 표현을 아무렇게나 내뱉습니다. 그렇기 때문에 아이가 어릴 때부터 부모님이 동성애도 존중의 문제라는 점을 인지하게 해 주셔야 합니다.

딸 성교육14

아이가 부모의 성관계를 봤다면?

◇ ◇ ◇

일단 아이가 부모의 성관계 모습을 보게 되었다는 건 부모가 그만큼 부주의했다는 거예요. 관계를 가질 때에는 방문을 잘 잠그셔야죠.

제가 상담을 해 보니 이런 경우가 많더라고요. 아이가 밤에 자다가 깨서 엄마 아빠를 찾아요. 그런데 안방에 들어가려 하니 문이 잠겨 있어요. 그러면 안방과 연결된 베란다로 가요. 아파트에는 거실 베란다와 안방 베란다가 연결되어 있는 경우가 많잖아요. 그런데 이 부모님은 깜빡하고 베란다 쪽 문은 안 잠가 놓았어요. 그 바람에 아이가 베란다를 통해 안방으로 들어가서 부모님의 성관계를 보게 되는 거죠. 부모님은 이런 경우도 미리 신경 쓰셔야 합니다.

꼭 부모의 성관계를 보는 것만이 아니라 아이가 부모의 콘돔이나 성인 용품을 보는 것도 주의하셔야죠. 이런 일이 생겼을 때 부모님이 마치 아무 일도 없었던 양 어물쩍 넘어가시면 안 됩니다. 설명을 제대로 듣지 못하면 아이에게는 그것이 불쾌한 기억으로 남게 되거든요. 아빠가 엄마를 괴롭히는 것으로 보이기도 하고요. 이미 남녀의 성관계에 대해 어느 정도 알고 있던 아이라면 성관계를 기분 나쁜 것으로 여기게 되기도 합니다.

이때도 대화가 중요합니다. 아이를 붙잡고 일방적으로 설명하는 게 아니라 먼저 질문을 하세요. "뭘 봤어?" "어떻게 해서 보게 됐어?" "그게 뭐 같아?" 하고 말이에요. 그러면 아이가 대답을 하겠죠. "엄마 아빠가 싸웠어." "둘이 레슬링을 했어." 하는 식으로 아이는 자기가 이해한 대로 말할 거예요. 이렇게 질문을 먼저 해야 하는 것은 아이가 얼마나 아는지, 어떤 식으로 아는지 부모님이 파악하기 위해서입니다.

이게 파악이 되면 그에 맞추어 설명해 주세요. 아이가 현재 이해하는 만큼 설명해 주시면 됩니다. "엄마와 아빠는 부부잖아. 엄마와 아빠가 많이 사랑해서 하는 놀이야. 부부는 이렇게 몸으로 사랑을 표현하기도 하거든."이라고요. 앞에서도 말씀드렸듯이 블록을 이용하는 것도 좋아요.

사과도 꼭 같이 하세요. "이건 원래 다른 사람이 못 보게 해야 하는 건데, 네가 보게 된 건 엄마 아빠가 잘못한 거야. 미안해." 하고 말이에요.

이때 부모가 성생활을 하는 것 자체가 부끄러운 일인 것처럼 행동하시면 안 됩니다. 그러면 아이도 '우리 부모가 뭔가 잘못했나?' 하고 부정적으로 생각할 수 있거든요. 부모님부터 당당하게 생각해야 이 상황을 어렵지 않게 풀어 갈 수 있습니다.

딸 성교육 15

새로운 젠더감수성을 담은 이야기를 찾으세요

◇ ◇ ◇

이 시대 우리에게 필요한 새로운 성교육은 젠더교육이 반드시 전제되어야 합니다. 저는 성교육이 곧 젠더교육이고 젠더교육이 곧 성교육이라고 생각합니다. 딸 성교육의 원칙을 다룬 1부에서도 말씀드렸던 바이지요.

딸에게 성교육을 어떻게 해야 할지 막막해서 이 책을 들여다보고 있는데 젠더교육까지 해야 한다니, 이건 또 어떡하란 말인가 싶으신가요. 이런 고민을 토로하는 부모님들에게 저는 적절한 '이야기'를 찾으라고 조언을 드립니다.

여기서 이야기란 말 그대로 이야기예요. 나름의 감정과 논리를 가진 등장인물이 나오고 기승전결의 스토리 라인이 있는 이야기

말입니다. 그림책, 동화책, 만화책, 드라마, 영화 등이 여기에 속하지요.

지금까지 딸들이 어릴 때 접한 유명한 이야기들은 젠더감수성이 부족한 것이 태반이었습니다. 그 유명한 신데렐라며 백설공주 이야기를 보세요. 주인공의 행동을 보면 주체성이라는 면이 턱없이 부족하지 않습니까. 결국 남성의 선택을 받음으로써 해피엔딩을 맞이하게 되고요. 이 주인공들이 지금 시대의 딸들에게 롤 모델이 될 수 있겠습니까. 꼭 이렇게 유명한 이야기가 아니더라도, 남성 등장인물은 적극적이고 주도적으로 행동하는 데 비해 여성 등장인물은 소극적이고 지극히 주변적인 역할에 머무르는 이야기가 많습니다.

다행히 최근 들어 새로운 움직임이 나타나고 있습니다. 보다 주체적인 여성 등장인물이 활약하는 작품들이 나오고 있지요. 또 그런 작품들이 비평적으로도 대중적으로도 좋은 반응을 얻는 경우가 많아지고 있고요. 이 책을 읽는 부모님들도 머릿속에 몇몇 작품들이 떠오르실 거예요.

제가 개인적으로 추천해 드리고 싶은 작품을 이 책의 뒷부분에 부록으로 수록했습니다. 다양한 분야에서 몇 작품씩 뽑았으니 참고해 주세요. 이 목록에 부모님이 직접 찾은 새로운 작품들을 추가해 놓으셔도 좋고요.

부모님 스스로 이야기의 창작자가 되실 수도 있습니다. 꼭 새로운 이야기를 만들어 내라는 의미가 아닙니다. 기존의 이야기를 재해석해서 아이에게 들려주거나 아이와 대화를 나누라는 말씀입니다.

얼마 전에 전래동화인 '선녀와 나무꾼' 이야기를 재해석하는 목소리들이 있었어요. 여성부 장관이 공개적인 자리에서 이렇게 말하기도 했습니다. "저는 초등학교 때까지만 해도 나무꾼이 참 불쌍하다고 생각했습니다. 그러나 관점을 바꿔 선녀 입장, 아이들 입장, 선녀 부모님 입장을 비교해 보면 나무꾼은 성폭행범입니다. 여성 납치범이고요." 여러분은 어떻게 생각하시나요? 여성의 주체성을 기준으로 놓고 보면 정말로 나무꾼이 달리 보이지 않습니까? 부모님은 아이와 함께 '선녀와 나무꾼' 책을 보면서 이야기를 살짝 바꿔서 들려주실 수도 있어요. 또는 "선녀는 나무꾼이 한 일을 좋아했을까?"라고 질문을 던지며 아이가 이야기 속 상황에 대해 다른 시각으로 보게 이끌어 주실 수도 있겠지요.

부모님 스스로 이야기의 창작자가 된다면 기존의 편향적인 이야기도 얼마든지 활용할 수 있습니다. 직접 해 보시면 아이에게도 부모님에게도 즐겁고 의미 있는 시간이 될 겁니다.

◇ 3부 ◇

성교육은 부모와 아이를 더 가깝게 만든다

사춘기 시기의 14가지 성교육

성적이 떨어지는 것보다 더 나쁜 것은
아이가 부모님에게 연애를 감추는 것입니다.
부모님이 성적을 이유로 연애를 말린다면,
아이는 연애를 포기하기보다 부모님 눈을 피해
연애를 할 가능성이 더 큽니다.
아이가 마음만 먹으면 얼마든지 그렇게 하는 것이 가능하지요.
그렇게 몰래몰래 연애할수록
연애에서 문제가 생길 가능성도 더 커집니다

딸 성교육16

2차 성징에 대한 교육을 언제 시작해야 할까요?

◇ ◇ ◇

성교육에서 사춘기 시기가 중요한 이유는 바로 2차 성징 때문이지요. 2차 성징을 통해서 아이는 본격적으로 어른의 몸으로 바뀌게 되는데, 신체적으로나 정신적으로나 '성적 존재'로서의 자기 자신을 마주하게 되는 것이라 할 수 있습니다. 신체적으로는 생식선이 자극되면서 여자아이들은 에스트로겐, 남자아이들은 테스토스테론 호르몬이 급격히 분비됩니다. 여자아이는 월경을 시작하고 남자아이는 사정을 시작하는 등 여성과 남성이 될 수 있는 여건을 갖추게 됩니다. 정신적으로는 뇌의 각 부위마다 발달 속도가 다른 만큼 정서적 불균형도 생겨나게 되고요.

2차 성징이 나타나기 시작했을 때 "자, 이제 얘기해 볼까." 하고 2차 성징에 대해 알려 주는 것은 적절하지 않습니다. 2차 성징으로 인해서 몸에 많은 변화가 일어나잖아요. 아이들 입장에서는 얼마나 놀라겠습니까. 아이가 마음의 준비를 해 둘 수 있도록 미리미리 알려 줘야죠.

개인 차이가 있지만 요즘은 초등학교 고학년 때 2차 성징이 시작되는 아이들이 많습니다. 그러니까 대략 그보다 1~2년 전에는 가르쳐 주어야 한다고 보시면 됩니다. 저는 아들 엄마이지만 그래도 참고하시라고 제 경우를 말씀드리자면, 저는 아들이 2~3학년일 때 2차 성징에 대해 가르쳐 주었습니다. 몽정은 무엇이고, 사정은 무엇이고 등등을 다 이야기해 주었죠. 또 아이가 질문하면 자세히 설명해 주었고요. 여자아이는 남자아이보다 2차 성징이 더 빨리 시작되는 편이기 때문에 부모님이 미리미리 주의를 기울이셔야죠.

이때 중요한 것이, 아이가 2차 성징을 긍정적이고 자연스러운 것으로 받아들이게 하는 것입니다. 예를 들어 가슴이 나오는 것에 대해 설명한다고 해 봐요. 가슴이 작은 아이는 '나는 왜 이렇게 여성스럽지 못하게 가슴이 작을까.' 하고 고민합니다. 가슴이 큰 아이는 '나는 왜 이렇게 가슴이 커서 둔해 보일까.' 하고 고민합니다. 가슴의 크기는 중요한 것이 아니며, 작으면 작은 대로, 크면 큰 대로 자신의 몸을 사랑할 줄 알아야 한다는 점을 아이에게 알려 주어야 합니다.

또 하나 중요한 것은 자신의 몸에 대해 책임지는 자세를 가지게 하는 것입니다. 제가 먼저 출간한 아들 성교육 책에서는 책임지는 자세를 가지는 것이란 곧 예절을 가지는 것이라고 설명드렸어요. 예를 들어 남들과 함께 있을 때 발기가 된다면 원래대로 돌아가도록 노력하는 거예요. 그런데 딸의 경우는 책임지는 자세의 의미가 좀 다릅니다. 여성들은 이미 예절이 너무 과해서 문제거든요.

딸에게 가르쳐야 할 책임지는 자세란 자신의 몸을 건강하게 챙기는 것입니다. 남들에게 예뻐 보이고 싶어서 과도한 보정 속옷으로 스스로를 불편하게 만든다든가, 남들이 이상하게 볼까 봐 산부인과를 멀리한다든가 하지 않게 하는 거예요.

사실 요즘은 예전보다 일찍 유치원과 초등학교에서 성교육이 이루어지고 있어서 아이들도 2차 성징에 대해 이미 상당히 인지하는 경우가 많습니다. 하지만 그렇다고 부모님의 역할이 줄어드는 것은 아닙니다. 유치원과 초등학교에서 하는 성교육과는 별개로 집안에서도 2차 성징에 대해 이야기해 주어야 아이가 2차 성징을 맞이했을 때 그 변화를 부모님에게 편하게 이야기하고 고민을 나누게 됩니다.

아이가 어느 정도 컸다고 해도 여전히 성교육의 1차 책임은 부모님과 가정에 있다는 사실을 꼭 명심해 주세요.

딸 성교육 17

성교육이 늦었다고 놓아 버려서는 안 됩니다

◇ ◇ ◇

앞에서 제가 딸 성교육의 핵심은 주체성에 있다고 강조했던 것, 기억하시지요? 성교육은 단순히 성 지식을 알려 주는 것이 아니다, 성교육은 곧 주체성 교육이며 이제는 젠더교육까지 포함해야 한다고 말씀드렸습니다. 그래서 사춘기 이전의 성교육을 담은 1부에서 중요하게 다룬 것도 아이가 태어났을 때부터 자신의 몸에 대해 스스로 판단하는 습관을 가지도록 교육해야 한다는 점이었습니다.

그런데 이 책을 읽고 계시는 독자 분들 중에는 2차 성징을 앞두고 있는 아이를 둔 부모님들도 많으실 것 같습니다. "요즘 사회 분위기도 그렇고 우리 애도 곧 사춘기니까 성교육 책을 한번 읽어 볼까?" 하는 마음으로 이 책을 펼치셨겠지요. 그런 부모님들께서는 이 책을 읽으며 "태어나자마자 해야 한다고? 내가 너무 늦었구나. 이를 어떡하나." 하고 걱정하실 것 같습니다.

네, 늦은 것 맞습니다. 더구나 딸은 아들보다 2차 성징이 빨리 오고, 요즘 아이들은 부모님 세대보다 2차 성징을 빨리 겪는 편이잖아요. 그런 점을 감안하면, 부모님이 신경 쓰지 못하고 있는 사이에 어느새 딸은 2차 성징을 맞이하고 있을 수도 있어요. 예를 들어, 부모님은 별 생각 없이 예전처럼 아이를 꽉 껴안는데, 아이는 막 가슴이 나오기 시작하는 터라 부모님이 포옹을 좀 가볍게 해 주기를 바라고 있는 것이죠. 가슴이 눌려서 아프니까요.

하지만 늦었다고 생각될 때가 가장 빠를 때인 법입니다. 늦었긴 늦었지만 그렇다고 완전히 놓아 버릴 단계는 아닙니다. 그래도 다행히 아이가 성인이 된 것은 아니지 않습니까. 늦었다고 생각된다면 부모님께서 더욱더 문제의식을 가지고 성교육을 시작하시면 됩니다.

언제나 원칙은 대화입니다. 이때쯤이면 의사소통에는 전혀 문제가 없는 나이이기 때문에 대화의 필요성이 더욱 증가됩니다. 아이에게 학교에서 어떤 성교육을 받았는지 물어보고 "어떤 느낌이 들었어?" 하고 자연스럽게 대화를 유도하는 것도 좋습니다. "친구들은 뭐라고 하든?" 하고 또래들의 반응도 함께 확인해 보시는 것도 좋고요. 사춘기는 친구들의 영향력이 어느 때보다도 클 때이니까요.

이 나이가 되면 부모님과 아이가 함께 보는 영화나 드라마의 폭도 더 넓어지잖아요. 미디어 교육이 성교육에서 중요한 부분인 만큼 미디어를 잘 활용하시면 좋습니다. "저 주인공 말이야, 썸 탄다고 저런 식으로 행동해도 되나?" 하는 식으로 젠더감수성에 대해 자연스럽게 대화를 시작해 보실 수 있을 거예요.

무엇보다도 이 시기에 부모님이 성교육에 관심을 가지기 시작했다면 여전히 부모님 스스로 성 지식이 부족하거나 왜곡된 젠더의식을 가지고 있을 수 있습니다. 부모님이 먼저 책이나 관련 프로그램을 찾아보시면서 변화하도록 노력해 보세요. 그런 부모님의 모습을 보며 아이도 따라오게 될 겁니다.

딸 성교육 18

초경에 대한 긍정적 인식을 키워 주세요

◇ ◇ ◇

이 책을 읽고 있는 엄마들은 자신의 초경을 어떻게 기억하고 계신가요? 초경에 대해 배울 때도 쉬쉬하는 분위기였고, 초경을 시작한 다음에는 더더욱 감추고 조심해야 했지요. 생리라는 말을 입에 올리는 것조차 눈치가 보이는 일이었습니다.

그런데 요즘에는 상황이 많이 바뀌었습니다. 많은 부모님들이 딸이 초경을 하면 파티를 열어 줍니다. 초경 파티라고 불리지요. 케이크를 사서 촛불을 부는 가정도 있고, 딸이 평소 가지고 싶어 하던 것을 선물하는 가정도 있더군요. 그러면서 생리 용품을 주고 2차 성징에 대해 진지한 이야기를 나누기도 하고요. 집집마다 형태는 조금씩 다르지만 초경 파티에는 딸의 2차 성징을 축하하는 의미가 담겨 있습니다.

예전에 비하면 정말 바람직한 변화입니다. 그래서 저는 아들 성교육 책에서 아들에게도 이와 같은 이벤트를 열어 주자고 말한 바 있습니다. 실제로 저도 아들이 첫 사정을 했을 때 파티를 열어 주었고요.

그런데 막상 제가 여자아이들에게 이야기를 들어 보니, 준비가 부족한 상태에서 초경을 맞이했다는 아이도 많고 초경에 대해 부정적인 인식을 가진 아이도 여전히 많더라고요. 초경 파티라는 새로운 문화에도 불구하고 여전히 과거의 잔재가 상당히 남아 있는 것을 알 수 있었습니다.

제가 아이들로부터 이런 사례를 많이 접했어요. 어느 날 팬티에 검붉은 것이 잔뜩 묻어 있는 것을 발견했대요. 이때에는 생리혈이 빨간색이 아니라 검붉은 색이나 짙은 갈색인 경우가 많잖아요. 그런데 아이들은 생리가 빨간색이라고 배워 왔기 때문에 이것이 초경이라고 인식하지 못했다는 거예요. 그래서 '어, 어쩌다 여기에 초콜릿이 묻었지?' 하고 의아해했다는 아이도 있고, '이거 치질인가 봐.' 하고 오해해서 관련 병원에 갔다가 생리라는 것을 알게 되었다는 아이도 있었습니다.

이보다 더 심각한 경우는 초경에 대해 부정적 인식을 가진 아이들이었어요. 이 아이들은 평소 부모님이 생리에 대해 부정적으

첫 생 리 를 축 하 해

로 말하는 것을 들었다고 해요. 생리하면 키가 안 크니까 생리를 늦게 해야 좋다, 생리통이 심하면 공부하는 데 방해돼서 큰일난다, 누구는 중요한 시험을 생리통 때문에 망쳤다더라, 생리하면 여자로서 처신을 똑바로 해야 한다, 임신을 할 수 있는 몸이 되는 거니까 옷도 조심해서 입어야 한다…….

평소에 이런 말을 듣다가 초경을 시작하면 기분이 어떻겠습니까. 기쁘기는커녕 숨기고 싶겠지요. 그래서 애써 초경을 감추다가 생리혈이 묻은 속옷이나 생리대를 부모님에게 들켜서 어쩔 수 없이 털어놓았다는 아이도 있었어요. 이 아이들은 어른이 된다는 것, 본격적으로 여성이 된다는 것에 대한 부담감을 가지고 있는 셈입니다.

이렇게 생리에 대한 부정적 인식은 전적으로 부모님으로부터 오는 겁니다. 부모님으로서는 의도하지 않으셨겠지만 말이에요. 특히 엄마 자신이 초경에 대해 나쁜 기억이 남아 있다 보니 머리로는 이러면 안 되지 하면서도 무의식적으로 아이에게도 부정적인 감정을 내비치는 경우가 많아요. 엄마의 태도가 몸 따로 마음 따로인 것이지요. 아이들은 단박에 눈치챕니다.

그래서 초경 파티를 해 줄 때에는 무엇보다도 부모님 자신의 긍정적인 자세가 반드시 필요합니다. 초경에 대해 긍정적 인식을 가진 아이들은 오히려 초경이 빨리 오기를 설레는 마음으로 기다립니다. 여성의 몸이 된다는 것에 기대감, 행복감을 가지고 있는 것이지요. 이런 감정은 딸 성교육의 핵심인 주체성과도 긴밀하게 연결되어 있습니다.

초경에 대한 긍정적 인식, 초경에 대한 부정적 인식 중 어느 쪽을 딸에게 심어 주고 싶으신가요? 답은 당연히 긍정적 인식이겠지요. 초경 파티는 형식일 뿐입니다. 그 핵심은 초경에 대한 긍정적 인식을 주는 것이란 사실이 반드시 전제되어야 합니다.

딸 성교육 19

여성의 건강 차원에서도 몸을 돌볼 수 있도록 이끌어 주세요

◇ ◇ ◇

2차 성징이 시작되었다는 것은 곧 몸이 다르게 바뀐다는 것이잖아요. 그런 만큼 건강이라는 관점에서도 새롭게 챙겨야 할 것들이 생깁니다.

산부인과 검진의 필요성에 대해서는 이미 1부 「원칙 2 성교육은 부모에게 먼저 필요합니다」에서 말씀드렸지요. 그러니 여기서는 적당한 산부인과를 찾는 방법을 다루겠습니다.

사실 이 방법이라는 게 특별한 것이 아닙니다. 산부인과가 임신부의 전유물로 여겨지던 과거와 달리 요즘은 분위기도 인식도 많이 바뀌어서 웬만한 산부인과는 사춘기 아이를 데려가도 무방하거든요. 그래도 아이의 첫 산부인과인 만큼 그냥 데려가기 신경 쓰인다면 인터넷의 후기를 꼼꼼히 참고하시거나 지역 인터넷 커뮤니티를 통해 정보를 얻어 보세요.

최근에는 생활협동조합(생협)에 대한 관심이 늘면서 의료 생협도 생겨나고 있습니다. 기존의 생협이 의료 기관과 협약 관계를 맺는 사례들도 있고요. 이런 경우에 해당하는 산부인과는 아무래도 좀 더 공동체 친화적인 성격을 띠기 때문에 편한 마음으로 찾을 수 있다고 합니다.

제가 당부드리고 싶은 점은, 완벽한 산부인과를 찾아 멀리까지 가지 마시고 기왕이면 거주하는 동네에 있는 가까운 산부인과를 먼저 찾으시라는 것입니다. 그래야 아이도 산부인과에 가는 것을 유별난 행사가 아니라 일상적인 일로 받아들일 수 있으니까요.

2차 성징 시기의 건강과 관련해 빼놓을 수 없는 주제가 또 있습니다. 바로 생리대이지요.

선진국에서는 생리혈을 흡수시키는 도구로 일회용 생리대 외에 탐폰, 생리컵 등도 널리 쓰입니다. 그에 비해 우리나라에서는 여전히 일회용 생리대에만 집중되어 있습니다. 아무래도 질 안에 넣는 형태에 거부감과 불안감이 있기 때문인 것 같습니다.

그래도 최근 들어서는 여성들이 스스로의 몸에 대해 관심을 가지면서 이런 거부감이 상당히 줄었습니다. 특히 생리컵에 대한 수요가 늘고 있지요. 친환경적 재질이면서 다양한 크기와 특색을 가진 제품들이 나와 있다는 게 장점이라고 합니다.

생리대 중에서도 친환경 제품을 찾는 여성도 많아졌어요. 그만큼 시중에 친환경 재질로 만들어진 생리대도 많아졌습니다. 아예 일회용 생리대를 거부하고 천 생리대를 택하는 여성들도 있고요.

혹시나 오해하실까 봐 분명히 말씀드리고 싶어요. 저는 기존의 일회용 생리대를 거부하자는 것이 결코 아닙니다. 그런 생리대를 쓰는 데 전혀 문제가 없고 만족스러운 분들은 그냥 쓰시면 됩니다. 대안 제품을 쓰다가 여러 이유로 다시 기존의 생리대로 돌아가는 분들도 계시는걸요.

다만 자신의 몸에 더 잘 맞는 생리 도구에 대해 고민해 보는 것은 여성의 건강 차원에서 꼭 필요한 일입니다. 그것은 여성의 주체성과도 관련되어 있습니다. 아이에게도 이런 차원에서 설명해 주시면 됩니다.

여기서 중요한 점은, 아이에게 적합한 생리 도구를 찾아 주려 하기보다는 아이가 스스로 고민해 보는 기회를 주시는 겁니다. 엄마와 딸이 서로의 생리 경험을 공유하면서 함께 다양한 생리 도구에 대해 의견을 나누어 보는 것도 권해 드리고 싶습니다.

딸 성교육 20

남성의 2차 성징에 대해서도 알려 주세요

◇ ◇ ◇

우리나라 교육 현장에 성교육이 처음 도입되었을 때에는 많은 학교에서 여학생과 남학생을 분리해서 진행하곤 했습니다. 애초에 여학교, 남학교라서 그런 것이 아니에요. 남녀 합반인 초등학교에서조차 굳이 여학생과 남학생을 각각 다른 교실에 모아 놓고 성교육을 한 것입니다. 아예 남학생은 운동장에 나가 놀라고 하고 여학생에게만 성교육을 하는 경우도 많았습니다.

그 당시 성교육이 임신 교육과 순결 교육의 범위를 벗어나지 못했다는 사실은 논외로 하더라도, 애초에 그런 식으로 여학생과 남학생을 분리해 놓고 하는 것부터가 한계가 뚜렷한 성교육이었던 셈입니다. 결국 여학생은 남성의 몸에 대해, 남학생은 여성의 몸에 대해 제대로 교육받지 못하는 결과를 낳았습니다.

여성과 남성은 서로 관계를 맺으며 살아갑니다. 여기서 '관계'란 인간적 관계와 성적 관계를 모두 포함하는 의미입니다. 그렇기에 여성과 남성은 서로를 잘 알아야 합니다.

따라서 딸에게 남성의 2차 성징에 대해 여성의 2차 성징만큼 자세히 가르쳐 주는 것은 너무나 당연한 일입니다. 특히 남자아이들 역시 2차 성징으로 인해 당황스러운 감정이나 경험을 가질 수 있는데 이런 점을 여자아이도 이해해 주어야 합니다.

실제로 제가 교실에 가서 만나 보니 여자아이들도 남자의 몸에 대해, 또래 남자아이들이 겪는 변화에 대해 관심이 많았습니다. 제게 이것저것 질문을 하더라고요. 그런데 성교육 강사인 제게는 편하게 물어볼 수 있지만 부모님에게는 차마 물어볼 수 없었다고 해요. '밝히는 여자애'라는 오해를 받을까 봐 걱정되어서 그런 것입니다. 하긴 자신의 몸에 대해서도 부모님에게 물어보기 어색해하고 꺼리는 아이들이 많은데 남자의 몸에 대해서는 더욱 그러하겠지요.

아빠가, 또는 아빠가 아니더라도 남성 주 양육자가 남성의 입장에서 2차 성징에 대해 설명해 주는 것도 효과적입니다. 만약 주 양육자 중 남성이 없다면 '함께 생각해 보자.'라는 태도로 접근하셔도 좋습니다. 남성의 2차 성징에 대한 구체적인 지식과 함께 상대를 이해하는 자세도 중요하다는 것을 염두에 두고 아이와 대화해 주세요. 특히 자녀가 남매라면 함께 성교육을 하는 것도 좋습니다. 다른 성과 어울려 자연스럽게 성교육을 받는 분위기를 부모님이 만들어 주세요.

딸 성교육 21

혐오 발언은 어떤 경우에도 금물!

◇ ◇ ◇

한국 사회에는 여성을 대상으로 하는 혐오 발언이 만연해 왔습니다. '된장녀'니 '맘충'이니 하는 단어들이 대표적이지요. "여자가 화장도 안 하고, 쯧쯧." "여자는 25살 이상이면 꺾인다더라." 하는 식의 유독 여성에게만 가혹한 외모 평가, 나이 평가도 혐오 발언에 포함됩니다.

이러한 혐오 발언은 일베 같은 극우 사이트가 주도하고 있긴 하지만 일베가 아닌 일반 대형 인터넷 커뮤니티에서도 혐오 발언이 심심치 않게 등장하곤 합니다. 그만큼 우리 사회에 혐오 발언이 만연하다는 증거입니다. 그래서 저는 아들 성교육 책에서 아들이 이러한 혐오 발언에 물들지 않도록 각별히 주의해야 한다고 말씀드린 바 있습니다.

그런데 여성에 대한 혐오 발언을 남자만 하는 것이 아닙니다. 아무런 문제의식 없이 다른 여성을 대상으로 혐오 발언을 하는 여성들도 많습니다. 워낙 혐오 발언이 만연한 사회에서 살아가다 보니 자신도 익숙해져 버리고 만 것입니다. 다른 여성에게 혐오 발언을 하며 '나는 그런 여자가 아니야.'라고 스스로를 안심시킵니다. 안타까운 일이지요.

여기에 더해 최근 들어서는 정반대의 흐름도 보입니다. 어떤 여성들은 여성 차별에 반대한다면서 대신 남성에 대한 혐오 발언을 하더군요. 그뿐 아니라 동성애자, 장애인, 난민 같은 다른 소수자에 대한 혐오 발언까지 거침없이 내뱉습니다.

저 역시 우리 사회의 여성 차별을 온몸으로 겪으며 살아온 한 여성입니다. 남성이 가하는 육체적 폭력, 정신적인 폭력에 오랫동안 시달린 경험도 있습니다. 그렇기에 남성에 대한 혐오 발언을 하는 여성들이 그런 발언을 하게 되기까지 얼마나 힘들었을지 충분히 이해하고 공감합니다.

하지만 그럼에도 불구하고 저는 조심스럽게 말하고 싶습니다. 아무리 혐오 발언의 주체가 사회적 피해자라 하더라도 혐오 발언 그 자체로는 문제 해결에 도움이 되지 않는다고 말입니다. 의도와 달리 오히려 문제를 더욱 악화시키는 결과를 낳을 수도 있습니다.

저의 경우, 제 아이가 친구들에게 들은 혐오 발언에 물들었을 때 제가 아주 단호하게 "그건 절대 안 돼." 하고 말했습니다. 어떤 경우에도 여성을 비롯한 약자, 소수자에 대한 혐오 발언은 절대 해서는 안 된다고 강조했습니다. 아이가 바로 수긍하지는 않더라고요. 그래도 꾸준히 이야기하고 설득했어요. 계속 대화를 나누는 것이 정말 어려웠지만 그래도 포기하지 않고 계속했습니다. 그랬더니 아이가 대학교에 간 후로는 스스로 젠더에 대한 공부를 하면서 혐오와 폭력에 대한 문제의식을 가지게 되었지요. 이렇게 아이가 꾸준히 부모님과 이야기를 나누면서 스스로 문제점을 깨닫도록 하는 분위기를 만들어 줄 필요가 있습니다.

아이가 사춘기 시기에 잘못된 또래 문화에 휩쓸리다 보면 혐오 발언이 심해질 수 있습니다. 그러니 부모님이 방향을 잘 잡아 주셔야 합니다. 또한 부모님 스스로 혐오 발언을 조심해야 하는 것은 물론입니다.

딸 성교육 22

딸도 자위행위를 할까요?

◇ ◇ ◇

사실 자위행위는 따로 배워서 아는 것이 아니죠. 아이는 이미 본능적으로 자위행위가 무엇인지 알고 있어요. 자기 성기를 만지다가 저절로 알게 되니까요. 누가 굳이 가르쳐 주지 않아도 어릴 때부터 자위행위에 대해 파악하게 되는 거예요. 이건 딸이든 아들이든 마찬가지입니다.

그런데 "여자애도 자위행위를 하나요?" 하고 의문을 표하는 부모님도 계세요. 아빠가 그러면 여성의 몸에 대해 잘 모르시나 보다 하는데 엄마가 그러는 경우도 종종 봤습니다. 자신의 몸에 대해 잘 모르고 있는 엄마인 셈입니다. 자신의 몸을 모르는 엄마가 어떻게 딸에게 성교육을 제대로 해 줄 수 있겠습니까.

아들에게는 자위행위를 하는 방법을 가르쳐 주기보다는 자위행위의 예절을 가르쳐 주어야 합니다만, 딸에게는 조금 다릅니다. 먼저 자위행위 방법 자체에 대해서도 이야기할 필요가 있어요. 여성의 성기는 남성의 성기보다 복잡하고 눈에 덜 띄는 구조이기 때문에 좀 더 위생적이고 건강한 방법으로 자위행위를 할 필요가 있거든요. 가장 중요한 점이 손을 깨끗하게 씻고 해야 한다는 것입니다. 속옷 위로 손을 아래위로 비비거나, 선 채로 샤워기의 물줄기를 이용하거나, 욕조에 물을 받아 놓고 그 안에 들어가 하는 방법 등이 있습니다.

산부인과 의사 분들의 이야기를 들어 보니, 자위를 하기 위해 질 속에 이물질을 넣었다가 잘 빠지지 않아서 병원을 찾아오는 아이들이 종종 있다고 하더군요. 야동이나 음란 만화, 웹툰, 각종 인터넷 사이트에서 그런 장면을 보고 영향을 받은 것이 아닌가 싶어요. 그러니 아이에게 꼭 안전한 자위 방법에 대해 알려 줄 필요가 있습니다.

다음으로 자위행위의 예절도 가르쳐 주어야 해요. 자위행위에도 엄연히 예절이 있죠. 내가 나 자신에게 할 것, 나 혼자만의 공간에서 할 것, 야동을 보기보다는 혼자 상상하면서 할 것, 기분이 나쁜 상황에서 하지 말고 기분이 좋을 때 할 것 등이에요.

자위행위의 예절을 가르칠 때의 요령을 한 가지 말씀드리자면,

일방적으로 설명하지 마세요. 부모님 입으로 말하는 것보다 아이의 입으로 직접 말하도록 하는 게 좋아요. 아이와 대화를 나누면서 아이 스스로 그런 답을 하도록 유도하시면 됩니다.

자위행위도 자신을 좋아해야 가능해요. 자신을 싫어하면 자위행위도 하지 못합니다. 자신의 몸이 더럽고 추잡하게 느껴지니까요. 그러니까 부모님은 아이가 자신의 몸을 긍정적으로 바라보게끔 해 주어야 해요.

같은 맥락에서 자위는 다른 사람과의 성관계도 더욱 즐겁게 해 줍니다. 자위를 하다 보면 내 몸에서 어떤 부위가 예민한지, 어떻게 만졌을 때 기분이 좋은지 알게 되거든요. 자신의 욕구에 충실하고 그것을 표현할 수 있는 여성으로서 자신의 몸에 대해 일종의 성적 지도를 그려 나가는 것이라고나 할까요. 자연히 주체성도 높아지게 됩니다. 그러니 부모님도 딸의 자위를 긍정적으로 인식해 주셔야겠지요.

딸 성교육 23

딸도 접할 수밖에 없는 야동, 판단력을 키워 주세요.

◇ ◇ ◇

아들 부모님은 "우리 애가 야동을 볼 때 어떡해야 하죠?" 하고 먼저 궁금해하시곤 하는 데 비해 딸 부모님은 그렇지 않더군요. '여자애가 무슨 야동을 보겠어.'라고 생각하시는 것이죠.

그런데 우리가 지금 살아가는 세상은 딸이든 아들이든 아이들이 야동을 안 볼 수 있는 환경이 아닙니다. 인터넷 문화 때문에 어쩔 수가 없거든요. 아예 컴퓨터와 핸드폰을 차단하고 산다면 모를까, 불가능합니다. 안 보려고 해도 인터넷을 돌아다니다 보면 눈에 띄게 되고요, 또한 또래 친구들을 통해서도 접하게 됩니다. 여자아이라고 해서 야동에 관심이 없을 것이라는 생각은 편견이에요.

게다가 게임과 만화는 또 어떻습니까. 거의 야동에 가까울 정도로 선정적인 장면이 많아요. 여성 캐릭터가 거의 벌거벗고 있다든지, 여성이 괴물과 변태적인 성행위를 한다든지 하는 것들이지요.

이런 콘텐츠를 자꾸 접하게 된 여자아이는 성에 대해 왜곡된 시각을 가지게 됩니다. 심하면 성에 대한 혐오감이 생길 수도 있어요. 최악의 경우는, 성폭력을 당하고도 '영상에서 보니까 이렇게 하던데.' 하고 성폭력인 줄도 모른 채 넘어가는 것입니다.

부모님은 일단 이런 현실 자체를 인정하셔야 합니다. 부모님이 야동을 막아 주실 수는 없어요. 그렇다면 부모님이 할 수 있는 것, 하셔야 하는 것은 무엇일가요? 야동에 대한 아이의 판단력을 키워 주는 것입니다. 야동을 보더라도 그 안에서 어떤 점이 잘못되었는지 판가름할 수 있는 능력 말이죠. 일종의 미디어 교육이라고도 할 수 있습니다.

그렇다고 부모님 시대의 기준을 들이대라는 것이 아니에요. "선정적인 내용은 무조건 나빠." 하지 말고 내용과 맥락을 봐야 한다는 거죠. 단순히 노출이 많은 것이 본질적인 문제가 아니거든요. 부모님의 지도가 성적 엄숙주의로 흐르게 되면 결국 딸에게 순결이나 조신함을 강조하는 결과를 낳습니다. 이런 것은 시대착오적이에요.

평소 텔레비전을 보면 드라마나 CF에서 남자와 여자를 잘못된 방식으로 다루고 있는 것이 많잖아요. 사랑이나 성을 어떻게 다루고 있는지 보세요. 남자가 일방적으로 거칠게 스킨십을 시도하는데 여자는 그걸 사랑으로 받아들인다든지, 여자는 굳이 그래야 하는 상황이 아닌데도 거의 벌거벗고 있다든지 하는 걸 자주 볼 수 있지 않습니까. 그런데도 이런 것에서 문제를 느끼지 못하고 그냥 넘어가는 분들이 많아요. 그래서 미디어 교육은 부모님 자신도 받을 필요가 있어요.

예를 들어 아이와 같이 텔레비전을 보면서 이렇게 말해 보세요. "저 CF 봐라. 여자들은 실제로 저러지 않아. 물건을 팔려고 가짜로 저렇게 하는 거야." 그리고 아이에게 어떤 생각이나 감정이 드는지도 물어보세요. 그렇게 대화를 나누며 미디어 교육을 하시면 됩니다. 실제로 저도 이렇게 했어요. 이런 식으로 아이의 판단 능력, 비판 능력을 키우는 데 초점을 맞추어 주세요. 그런 능력을 가진 아이는 야동을 보더라도 그걸 현실이라고 믿지 않고 자신의 기준에 따라 판단합니다.

딸 성교육 24

아이가 자위행위를 하거나 야동을 보다가 들켰다면?

◇ ◇ ◇

아이가 자위행위를 하거나 야동을 보다가 들키는 경우는 여러 상황이 있을 수 있습니다. 가장 민망한 것은 아무래도 현장을 들키는 경우겠죠. 부모님이 방문을 열었는데 아이가 자위행위를 하고 있다거나 야동을 보고 있는 상황 말입니다.

부모님에게나 아이에게나 참 당황스러운 일이 아닐 수 없습니다. 딸을 가진 부모님들은 딸이 자위행위를 하거나 야동을 볼 수도 있다는 생각을 미처 하지 못하다가 그런 장면을 목격하면 어쩔 줄을 몰라 하죠. 하지만 그래도 더 민망한 쪽은 아이 본인이 아니겠습니까. 아이의 마음을 보듬어 주셔야 합니다.

그 자리에서 바로 아이에게 뭐라고 하는 것은 좋지 않습니다.

일단 당장은 넘어가시되 그 상황이 좀 지나가면 가급적 빠른 시일 내에 아이와 대화를 나누도록 하세요. 계속 대화를 안 하고 마치 아무 일도 일어나지 않았다는 듯이 행동하셔서는 안 됩니다. 아이가 어떻게 나오나 기다리시는 것도 적절하지 않아요. 아무래도 아이가 먼저 말하기는 쉽지 않으니까 부모님이 먼저 말을 꺼내셔야겠죠.

대화가 원활하게 흘러가기 위해서는 부모님이 먼저 사과하시는 게 좋습니다. "갑자기 방문을 열어서 너를 놀라게 한 거 정말 미안해. 더 조심했어야 하는데."라고 말이에요. 그러면 아이도 "방문 잠그는 걸 깜빡해서 죄송해요."라든가 "엄마가 들어올 걸 미처 생각 못했어요." 하고 사과할 거예요. 이때 아이에게 "그렇게 말해 줘서 고맙다." 하고 칭찬해 주세요. 또 "네가 벌써 다 컸구나." 하는 말로 아이가 어른이 되어 가는 과정이라는 것을 인정해 주시고요. 부모님이 이렇게 말해 주셔야 아이가 긴장했던 마음을 풀고 편하게 대화를 이어 가게 됩니다. 부모님 스스로 여성의 자위에 대한 편견이 없이 아이와 대화를 하는 것이 무엇보다도 중요합니다.

만약 이전에 자위에 대해 제대로 이야기를 나누어 본 적이 없다면 이 기회를 이용하세요. 그렇다고 이러이러하게 했어야 한다고 강압적으로 지시하는 식이어선 안 됩니다. 언제부터 하게 되었으며 어떤 느낌이었는지 물어보시고 아이의 이야기를 충분히 들어 주세요. 그리고 바로 이때 자위행위의 예절을 가르쳐 주어야 합니다. 앞에서 말씀드렸던 것들 있잖아요. 혼자 있는 방에서만 할 것, 야동을 보면서는 하지 말 것, 자신이 긍정적인 욕구를 느낄 때 할 것 등이죠.

당장은 어떻게 대처해야 할지 당혹스러우시겠지만, 오히려 잘만 활용하면 아이와 더 친해지는 계기가 될 수 있습니다. 부모님이 아이의 부끄럽고 창피한 경험까지 인정해 주고 안아 주면 아이는 부모님에 대해 믿음과 신뢰를 가지게 되기 때문입니다. 그래서 성폭력 같은 힘든 일이 생겼을 때도 혼자 끙끙 앓다가 극단적인 선택을 하지 않고 부모님에게 고민을 말할 겁니다.

딸 성교육 25

아이가 첫 연애를 시작했다면?

◇ ◇ ◇

연애야 사춘기 이전에도 할 수 있습니다만, 아무래도 진짜 연애라고 할 수 있는 것이 시작되는 시기는 사춘기 때입니다. 이때 하는 연애는 감정 자체도 이전보다 더 깊기 마련이죠. 더구나 스킨십도 동반될 수 있습니다. 사춘기 연애의 스킨십에 대해서는 다음 장에서 다루도록 하고, 여기서는 연애 자체에 대해서 말씀드리도록 할게요.

부모님들은 아이가 성인이 되기 전에는 연애를 하지 않았으면 하는 마음이 더 크실 것 같아요. 특히 딸을 가진 부모님들은 아이의 연애에 더 보수적인 경우가 많으시더군요. 연애 때문에 성적이 떨어지지 않을까 걱정되기도 하실 겁니다.

하지만 이미 연애는 청소년들의 일상이고 현실입니다. 연애를 하는 청소년들이 그만큼 많다는 뜻입니다. 길을 가다 보면 교복 차림으로 손을 잡고 다니는 어린 커플이 종종 눈에 띄지 않습니까. 우리 아이도 그런 커플 중 하나가 될 수 있습니다.

제가 학습 전문가가 아니므로 연애와 성적의 상관관계에 대해 뭐라고 딱 말씀은 못 드리겠어요. 하지만 이것만은 분명히 말씀드릴 수 있습니다. 성적이 떨어지는 것보다 더 나쁜 것은 아이가 부모님에게 연애를 감추는 것입니다. 부모님이 성적을 이유로 연애를 말린다면, 아이는 연애를 포기하기보다 부모님 눈을 피해 연애를 할 가능성이 더 큽니다. 아이가 마음만 먹으면 얼마든지 그렇게 하는 것이 가능하지요. 그렇게 몰래몰래 연애할수록 연애에서 문제가 생길 가능성도 더 커집니다.

정 성적이 걱정되신다면 연애 자체를 금지하기보다 아이와 먼저 대화를 해 보세요. 부모님이 걱정하는 바를 솔직하게 이야기하시면 아이도 전화 통화는 짧게 하겠다든지, 함께 도서관에서 공부하겠다든지 하는 나름의 방법을 제시할 겁니다.

저는 연애가 줄 수 있는 장점도 무척 크다고 생각합니다. 단순히 '연애하면 즐겁다.'라는 차원이 아니에요. 연애라는 형식의 인간관계를 맺다 보면 자신의 젠더감수성에 대해 점검하고 돌아보는 계기가 될 수 있거든요. 남자친구와 젠더에 대한 이야기를 나누며 한 뼘 더 성장하기도 하고, 자신도 모르게 젠더에 대해 편견을 가지고 있었다는 사실을 깨닫게 되기도 합니다.

그런데 이 과정에서 자칫 방향을 잘못 잡아 '남자한테 잘 보이려면 역시 여성스러워져야 해.'라는 식으로 오히려 기존의 젠더 구조를 따르려고 할 수도 있어요. 이렇게 아이가 수동적으로 끌려가는 연애를 하는 것을 막기 위해서라도 평소 주체성 훈련이 필요한 것입니다.

데이트 폭력도 주의해야 합니다. 안타까운 현실이지만 많은 여성이 연애에서 각종 데이트 폭력을 경험하고 있습니다. 사춘기 여자아이들도 예외가 아니에요. 데이트 폭력은 위협, 협박, 성희롱, 스토킹, 불법 촬영, 디지털 성범죄, 납치, 감금 등 그 양상이 다양합니다. 심하면 성폭력까지로도 이어지고요. 물론 가장 최악의 경우는 살인입니다. 부모님은 데이트 폭력의 현실을 아이에게 솔직하게 들려주셔야 합니다. 겁을 준다기보다는 이런 현실에 대해 함께 생각을 나눈다는 마음으로 이야기해 주세요. 데이트 폭력을 비롯한 성폭력에 대해서는 5부에서 좀 더 자세히 다룰 것입니다.

어떤 식으로든 아이의 첫 연애가 부정적으로 흘렀을 때 아이가 부모님에게 편하게 털어놓을 수 있도록 해 주세요. 그런 환경을 만들기 위해서는 아이가 가장 신뢰하는 연애 코치가 바로 부모님이 되어야 합니다.

딸 성교육 26

아이가 사귀는 친구와 스킨십을 한다면?

◇ ◇ ◇

딸을 가진 부모님은 아이의 스킨십에 대해 좀 보수적인 경향이 있습니다. 꼭 혼전 순결을 지키는 정도까지는 아니더라도 적어도 성인이 되기 전까지는 스킨십을 최대한 자제했으면 하고 바라는 분들이 많아요.

하지만 무조건 스킨십을 막는 것은 답이 아닙니다. 스킨십은 어디까지만 가능하다고 부모가 아이에게 정해 주는 것도 답이 아니고요. 부모가 막는다고, 부모가 경계를 정해 둔다고 해서 아이들이 얌전히 부모 말대로 할 리가 없지 않습니까.

아이에게 원칙대로 말씀하시면 됩니다. 두 사람이 서로 합의한 것, 서로가 서로에게 동의한 것, 서로가 책임질 수 있는 것까지 스킨십을 하라고 말이죠.

상대방이 떠날까 봐 겁난다는 이유로 스킨십을 억지로 동의한다든가 상대방과 가까워지겠다는 이유로 억지로 스킨십을 시도하는 아이들이 많습니다. 스킨십에 대해 원하지 않을 때 'NO'라고 분명하게 말할 수 있는 아이인지, 또한 상대방이 'NO'라고 했을 때 그 말 그대로 'NO'라고 받아들이는 아이인지 체크해 보셔야 합니다.

아이의 연애 상대가 스킨십과 관련해서 어떤 태도를 가졌는지도 체크해 보세요. 아이와 대화를 해서 알아내시면 됩니다. 부모님이 대화를 통해 아이와 소통하듯이, 아이도 대화를 통해 상대방과 소통하고 스킨십에 대해 의견을 나누어야 한다는 점을 강조해 주세요. 만약 아이의 연애 상대에게서 위험 신호, 그러니까 스킨십에 대한 폭력적인 태도가 보인다면 주의를 기울이셔야 합니다. 앞에서도 언급한 데이트 폭력으로 이어질 가능성이 크니까요.

그동안 성적 주체성을 기르는 훈련을 충분히 받아 온 아이라도 연애 관계에 들어가게 되면 허둥지둥하거나 실수하는 경우가 많아요. 혹시 아이가 원칙에 거스르는 행동을 당하지는 않는지 잘 관찰하세요. 물론 반대로 아이가 그런 행동을 상대에게 하지는 않는지도 관찰하셔야 하고요.

물론 가장 좋은 방법은 아이가 스스로 부모에게 말하는 것이죠. 평소 아이의 연애에 대해 편견 없이 대화를 나누어 왔다면 아이가 먼저 요즘 하는 연애가 어떻다고 말을 꺼낼 겁니다. 이때 부모님이 "네가 그 친구에게 스킨십을 할 때 불편한 감정을 느낀 적 있었니?" "네가 다가갔을 때 그 친구가 'NO'라고 말한 적 있니? 그 말을 들었을 때 너는 어떻게 했니?" 이런 식으로 아이에게 질문을 던지고 아이의 대답을 들으면서 함께 방향을 잡아 나가세요.

저는 제 아이에게 무엇보다도 마음이 중요하다고 강조하곤 했습니다. 여자든 남자든 스킨십은 마음의 표현이니 마음에서 우러나와야 하는 것이고, 그러니 자신의 마음을 잘 살펴보라고 했지요. 진심으로 상대를 좋아해서 스킨십을 하고 싶은 것인지, 단순히 호기심에서 그러는 것인지, 또는 스킨십 자체를 별로 하고 싶지 않은데 상대가 싫어할까 봐 억지로 하려는 것인지 구분하라고 강조했습니다.

만약에 호기심일 뿐이라면 상대에게 생각 없이 끌려가게 되거든요. 하지만 진정 좋아하는 것이라면 자신의 마음, 나아가 상대의 마음에도 더 집중하게 됩니다.

딸 성교육 27

아이의 옷 주머니에서 피임약이나 콘돔이 나왔다면?

◇ ◇ ◇

인터넷에서 '청소년 피임약'이라고 검색하면 각종 고민을 볼 수 있어요. "청소년인데요, 피임약을 구하고 싶은데 어떻게 하면 될까요?"라는 질문을 비롯해서 피임약이나 콘돔에 대해 궁금해하는 질문들이 수두룩하게 올라와 있습니다. 부모님들 생각보다 훨씬 더 빨리 아이들은 성에 눈을 뜬 상태이지요.

만약 아이의 옷 주머니에서 피임약이나 콘돔이 나왔다면? 부모님으로서는 당황스러울 수 있어요. 하지만 "세상에, 어떻게 이러니?" 하고 흥분하시면 좋지 않아요. 아이가 작정을 한다면 부모님이 아이의 성관계를 완전히 막을 수 있는 환경이 아니잖아요.

아이의 옷에서 피임약이나 콘돔이 나왔다는 이유로 아이에게 물어보지도 않고 '얘가 누군가와 성관계를 갖고 있구나.'라고 짐작하실 필요는 없어요. 물론 성관계를 한 것일 수도 있지만, 그저 호기심에 가지고 있는 것일 수도 있거든요. 섣불리 아이를 다그치지 말고 아이에게 물어보세요. 대화가 중요하다고 제가 이미 몇 번이나 강조했지요.

만약 이미 피임 교육을 충분히 받았고 피임 지식을 잘 알고 있는 아이라면 칭찬해 주세요. 배운 대로 잘 실천하고 있다는 뜻이잖아요.

이때도 부모님이 야동을 대할 때와 원칙이 비슷해요. 억지로 막으려고 하실 것이 아니라 아이의 판단력을 길러 주세요. 그러기 위해서는 언제나 대화가 중요해요. 피임약이나 콘돔을 왜 어떻게 가지고 있는 건지, 만나는 상대가 있는지 물어보시고 그에 맞추어 대응하세요. 만약 상대가 있다면 그 관계에 혹시 서로 동의하지 않은 스킨십이 들어가 있지는 않은지, 서로를 괴롭히고 있지는 않은지 아이에게 생각해 보게 하세요.

피임약이나 콘돔이 발견되었을 때 아들이라면 괜찮은 거고 딸인 경우에는 큰일 나는 거고, 이런 게 아니에요. 아들의 성에는 관대하면서 딸의 성에는 엄격한 부모님들이 많습니다. 아들이나 딸이나 원칙은 항상 같습니다.

만약 아직 피임에 대해 아이와 이야기를 나누어 본 적이 없는

데 아이 옷에서 피임약이나 콘돔이 나왔다면 부모님은 더 당황스럽겠죠. 그렇다면 이제 제대로 교육을 하면 됩니다. 부모님이 놓치고 있는 사이에 이미 아이는 다른 경로를 통해 잘못된 성 지식을 얻고 있을 수 있으니까요. 이 경우에도 흥분하지 마시고 차분하게 아이와 대화를 나누며 풀어 가시면 됩니다.

딸 성교육 28

피임 교육에서 계획 섹스를 가르쳐 주세요

◇ ◇ ◇

요즘 아이들이 첫 섹스를 경험하는 나이는 몇 살일까요? 질병관리본부의 2016년 '청소년 건강 행태 온라인 조사' 결과에 따르면, 성관계 경험이 있는 국내 중고등학생들의 첫 성관계 연령이 13.1세이며, 성관계 경험이 있는 비율은 조사 대상의 6.3퍼센트에 이른다고 합니다. 놀라는 부모님도 계시겠지만 이 결과가 요즘 아이들의 현실이지요.

이제 더 이상 무조건 욕구를 억누르라고만 가르치는 성교육은 의미가 없습니다. '성관계를 맺을 수 있다.'는 전제하에 안전하고 책임 있는 성관계를 맺는 방법을 알려 주는 것이 현실적으로 도움이 됩니다. 실제로 아이들이 성교육 시간에 하는 질문 중에는

"사후 피임약은 얼마나 효과가 있나요?" "구강성교로도 성병에 걸릴 수 있나요?" "콘돔을 쓰기는 싫은데 어쩌죠?"처럼 실제 성관계에서 일어날 수 있는 상황을 가정한 것들이 많습니다.

일차적으로는 성관계에 대해 책임있는 의식을 심어 주셔야 해요. 그리고 구체적인 피임 방법을 아는 것도 중요합니다. 콘돔 쓰는 법은 필수로 알아야 합니다. 여기서 중요한 점은 적어도 처음 성관계를 가질 때에는 미리 계획을 세워야 한다는 점입니다. '계획 섹스'라고 부를 수 있겠네요.

요즘은 연인 사이에 기념일을 많이 챙기죠. 100일 기념일뿐 아니라 투투데이도 챙기고 또 밸런타인데이, 화이트데이도 챙기고. 그러면 그날 무엇을 할지 미리 이야기해서 계획을 세우잖아요. 이와 같이 섹스도 미리 계획해서 해야 해요. 물론 섹스 자체에 대해 서로 동의한다는 전제가 있어야 하지요.

첫 섹스에 대해 미리 대화하는 것, 그러니까 일종의 섹스 토크를 해 보면 시기에 대해서도 이야기하고 장소에 대해서도 이야기하고 그날 무엇을 준비할지도 이야기하게 됩니다. 그 과정에서 성관계에 대해 좀 더 책임감 있게 생각하게 됩니다. 더불어 서로가 원하는 것, 피하고자 하는 것을 하나하나 체크해 보게 되겠죠. 그러면서 마음의 준비도 충분히 할 수 있게 됩니다.

연인 사이에 우발적으로 첫 섹스를 하는 경우가 너무 많습니다. 서로 어떻게 처음 관계를 가질지 아무 대화도 안 하고 눈치를 보다가 갑작스러운 시간에 낯선 장소에서 준비도 없이 하는 섹스인 것이죠. 이런 섹스만큼은 안 된다는 점을 분명해 말해 주셔야 합니다. 계획 섹스, 이게 정말 중요합니다.

섹스를 계획하는 것은 섹스에 대해 더 신중해지도록 해 줍니다. 대화를 나누면서 이것저것 체크해 나가다 보면 상대가 나와 섹스하기에 적합한 사람인지, 서로 충분히 즐길 수 있는 상황인지 좀 더 신중하게 고민하게 되니까요. 또한 이렇게 섹스를 계획하는 게 더 로맨틱하기도 합니다. 여행을 준비하는 과정이 더 설레는 것처럼 말이에요.

결국 계획 섹스의 핵심은 섹스를 돌발적인 사건이 아니라 두 사람이 함께 신중하게 설레는 마음으로 준비하는 이벤트가 되게 하라는 겁니다. 중요한 것일수록 미리 준비하는 게 당연하지 않겠습니까.

딸 성교육 29

부모님과 딸 사이에 주체성 세대 차이가 존재한다면?

◇ ◇ ◇

제가 1부에서 딸은 주체성이 높은 단계인 아이부터 보통 단계인 아이, 그리고 낮은 단계인 아이까지 다양하게 존재한다고 설명해 드렸지요. 이 차이가 더욱 강하게 드러나는 시기가 바로 사춘기 때입니다.

부모님 자신이 주체성에 대한 인식이 잘되어 있으면 딸도 주체성이 높습니다. 그런 부모님이 키우는 딸이 주체성이 낮은 사례를 저는 거의 접한 적이 없어요. 그렇다면 부모님이 주체성에 대한 인식이 부족한 경우는 어떨까요? 딸도 당연히 주체성이 낮은 단계일까요? 그런 아이들도 있는데 그렇지 않은 아이들도 있습니다.

사춘기 아이를 둔 부모님들은 이제 더 이상 내 품 안의 자식이 아니라는 사실을 실감하실 거예요. 아이는 이제 가족보다 또래 친구들이나 인터넷 커뮤니티로부터 더 큰 영향을 받습니다. 스스로 뉴스를 찾아보면서 문제의식을 키우기도 하고요.

이렇다 보니 부모님은 미처 딸의 주체성을 의식하지도 못하고 있는데 정작 딸은 스스로 주체성을 키워서 보통 단계로 오르고 높은 단계로까지 나아가는 경우가 늘고 있는 것입니다. 성교육의 패러다임이 변화하고 젠더 이슈가 확산되는 과정에서 생겨나는 일종의 세대 차이라고 할 수 있겠습니다. 문제는 이 세대 차이가 세대 갈등으로 이어진다는 것이지요.

이와 같은 갈등이 너무 심해서 제게 상담을 요청한 부모님과 아이들이 참 많았습니다. 부모님은 부모님대로 순진한 줄만 알았던 내 딸이 왜 이러는 걸까 당황스럽습니다. 다시 예전의 착한 딸로 돌아가 주기를 바랍니다. 딸은 딸대로 부모님이 고루하고 답답해 보입니다. 부모님이 제발 자신을 인정해 주었으면 합니다.

부모님 세대의 기준대로 아이를 맞추려고 하면 이러한 갈등은 전혀 해결되지 않습니다. 부모님이 아이들의 눈높이에 맞추셔야 합니다. 이것은 곧 시대의 변화에 눈높이를 맞추는 것이기도 합니다. 딸과의 갈등을 계기로 부모님부터 성교육을 받으셔야 하는 셈이에요.

강남역 살인사건, 미투 운동 등으로 인해 젠더 관련 서적이나 강연을 찾아 다니는 딸들이 많이 있습니다. 이런 딸을 대견하게 여겨 주세요. 부모님이 미처 챙기지 못하는 사이에 스스로 주체성을 높이고 있었다니 참 장하지 않습니까. 딸들의 변화에 맞추어 부모가 함께 젠더감수성에 대해 공부하면서 수평적 젠더 문화를 받아들여야 하는 시기가 왔습니다.

그래도 이 책을 펼친 부모님이라면 아이를 이해해 보려는 자세를 이미 가지신 것이겠지요. 부모님들께 격려를 보냅니다.

◇ 4부 ◇

사춘기 여자아이들은 성에 대해 어떤 질문을 할까?

사춘기 여자아이들의 21가지 질문들

지금부터 사춘기 여자아이들이 어떤 질문을 했는지,
그리고 그에 대해 제가 어떤 식으로 답변해 주었는지
하나하나 읽어 보시면서 부모님들이 이 시기 아이들의 마음을
이해해 보시기를 바랍니다. 또한 저의 답변을
단 하나의 모범 답변으로 보시기보다는
일종의 가이드라인 정도로 해석하시고,
부모님이라면 어떻게 답변하실지 스스로 생각해 보시는 것도
도움이 될 것입니다.

딸 성교육 30

사춘기 아이들이 질문을 해 올 때

◇ ◇ ◇

저는 그동안 성교육 강사로 활동하면서 많은 사춘기 아이들을 만나 이야기를 나누었습니다. 특히 여자아이들이 건네는 솔직하고도 날카로운 질문들이 지금의 저를 만들었다고 해도 과언이 아닙니다. 그 질문들에 어떤 대답을 해야 적절할까 고민하다 보니 저 스스로 성장할 수 있었거든요.

4부에는 제가 지금까지 사춘기 여자아이들에게서 받았던 질문들 중 대표적인 것들을 모아 놓았습니다. 지금 대한민국에서 살아가는 사춘기 여자아이들이 성에 대해 평소 가장 알고 싶어 하는 점들이라고 볼 수 있을 겁니다.

사춘기 여자아이들이 성에 대해 어떤 질문을 하는지 이렇게 따로 모아 놓은 것은, 그만큼 사춘기 시기에는 아이들이 더 구체적인 내용, 더 과감한 부분까지 궁금해하기 때문입니다. 아이들도 스스로 그런 점을 의식하기 때문에 차마 부모님에게는 묻지 못하고 친구들끼리 또는 인터넷으로 알음알음 정보를 나누는 경우가 대부분입니다. 그나마 제게 이런 질문들을 한 것은 성교육 강사라는 저의 위치 때문이었겠지요.

저는 사춘기 여자아이들이 이런 질문들을 누구보다도 부모님에게 할 수 있는 분위기가 만들어지기를 희망합니다. 물론 그러기 위해서는 느닷없이 이런 주제가 튀어나오는 것이 아니라 어려서부터 아이가 자신의 생각과 일상을 부모님에게 스스럼없이 이야기할 수 있는 환경을 부모님들이 만들어 주셔야 할 것입니다. 또 인간은 날 때부터 성적인 존재인 만큼 아이들 또한 마찬가지로 성적인 존재라는 점을 인정해 주셔야 합니다.

지금부터 사춘기 여자아이들이 어떤 질문을 했는지, 그리고 그에 대해 제가 어떤 식으로 답변해 주었는지 하나하나 읽어 보시면서 부모님들이 이 시기 아이들의 마음을 이해해 보시기를 바랍니다. 또한 저의 답변을 단 하나의 모범 답변으로 보시기보다는 일종의 가이드라인 정도로 해석하시고, 부모님이라면 어떻게 답변하실지 스스로 생각해 보시는 것도 도움이 될 것입니다.

딸 성교육 31

성적인 상상을 너무 자주 하는데 자제해야 하나요?

◇ ◇ ◇

이런 질문을 한다는 것은 일단 성적인 상상을 하는 것에 스스로 죄책감을 느끼고 있는 거잖아요. 그런데 그 성적인 상상이 구체적으로 어떤 것인지 물어보면 아이들마다 편차가 있어요. 비슷한 또래 아이들 사이에서도 성적 관심이나 성적 주체성을 가진 정도에 따라 편차가 크기 때문입니다.

여전히 성적으로 보수적이고 성적 주체성을 가지지 못한 아이는 조금이라도 성적인 상상을 하는 것 자체를 꺼려합니다. 독실한 개신교 신자라면 더욱 그럴 가능성이 커요. 이런 아이는 성에 대해 스스로 억누르는 마음이 있는 것입니다. 정작 이야기를 들어 보면 무슨 특이한 성적 상상도 아니더군요. 어떤 아이돌을 좋

아하는데 그 아이돌과 스킨십을 하는 상상을 자꾸 하게 된다는 식이에요.

이런 경우에 저는 아이를 안심시켜 줬어요. 남자든 여자든 나이가 적든 많든 모든 사람은 성적인 존재인 만큼 성적 호기심은 자연스러운 거니 그 정도는 괜찮다고요. 그런 상상을 가지고 죄책감을 느낄 필요까지는 없다는 거죠.

그런가 하면 반대로, 어른인 제가 들어도 저런 상상은 안 되겠다 싶은 상상을 하는 아이들도 있었어요. 남성 중심적인 기준에서 만들어진 폭력적이고 가학적인 성관계가 담긴 야동, 만화, 게임 등을 보고서 그런 성관계를 상상하는 겁니다. 그렇게 해야 여성도 좋은 건가 하고 오해했기 때문이에요. 그런 오해가 굳어지면 데이트 성폭력을 당하고도 성폭력이라고 인지하지 못하게 되기도 합니다.

저는 "그건 나쁜 거야. 절대 하지 마."라고 단박에 말하기보다는 질문과 대답을 통해서 아이가 스스로 판단을 내리도록 이끌어 냅니다. 이런 상상을 하며 불편함을 느낀다는 것은 그런 폭력적이고 가학적인 면을 스스로도 이미 충분히 인지하고 있다는 뜻이거든요. 더구나 그런 것에 대해 자제해야 하는지 어른에게 물었다는 것은 '자제하고 싶다'라는 의지가 포함된 것이기도 하고요.

제가 “그 상상을 자제하려는 이유가 뭔데?” 하고 물어보면 많이들 하는 대답이 “제가 너무 더러워요.”예요. 그러면 저는 “자제하려고 해 봤니?” “자제하기 위해 어떤 방법을 써 봤니?” “자꾸 부추기는 친구가 있니?” 하는 식으로 계속 질문을 합니다. 그렇게 대답해 나가다 보면 아이가 스스로 답을 찾게 됩니다.

딸 성교육 32

연애는 많이 하는 게 좋나요?

◇ ◇ ◇

이건 사람마다 가치관이 다를 수도 있을 텐데요, 저는 아이들에게 연애를 많이 하느냐 적게 하느냐는 그리 중요한 것이 아니라고 말합니다. 연애의 횟수를 따지는 것보다는 자신을 성장하게 하는 연애를 하는 것이 중요하다고 말하지요.

그러기 위해서는 자신이 아프지 않을 정도로 연애하는 것이 중요하다고 강조합니다. 보통은 연애하면 아픈 것이 당연하다고 하잖아요. 하지만 저는 아프더라도 스스로 감당할 수 있을 정도까지만 아파야 한다고 생각합니다. 그렇다고 연애를 할 때 자기만 챙기라거나 상대를 무시해도 된다는 뜻이 결코 아닙니다. 다만, 연애를 할 때 자신이 감당할 수 있는 것 이상으로 아프게 되면 그 연애는 자신을 성장하게 하는 연애가 아니라 자신을 파괴하는 연애라는 뜻입니다.

그렇다고 연애를 시작하기 전부터 겁먹어서 이것저것 따지다가 연애 자체를 포기할 필요는 없어요. 연애는 변할 수 있는 거예요. 처음에는 그저 그랬다가도 둘이 함께 노력하다 보면 서로가 서로를 성장시키는 관계로 변할 수 있습니다. 그게 연애의 노하우죠.

처음부터 자신을 성장하게 하는 연애를 하기는 쉽지 않을 거예요. 그래서 상대와의 소통이 중요합니다. 서로 소통하면서 수시로 우리가 어떤 연애를 하고 있는지, 더 나은 연애를 위해 충분히 노력하고 있는지, 앞으로 어떤 노력이 필요한지 체크해 봐야죠.

여자아이들은 평소 성적 주체성을 충분히 길렀다고 자부하다가 연애라는 실전에 대처하면서 스스로 아직 부족하다는 점을 깨닫기도 합니다. 아직 젠더감수성이 부족한 상대방과 다투기도 하고 설득하기도 하면서 자신의 젠더감수성을 더 높이게 되기도 하고요. 또 남성이라는 성에 대해 미처 몰랐던 점을 알게 되기도 하지요.

제가 추천하는 한 가지 방법이 있습니다. '연애 성적표'를 만드는 것이에요. 시험 보고 나면 과목별로 성적표가 나오잖아요. 그런 식으로 자신이 하고 있는 연애에 대해서도 성적표를 만드는 것이죠. 항목은 자신이 원하는 대로 정하면 돼요. 얼마나 자주 만났나, 얼마나 대화를 했나, 고민을 잘 들어 주었나 등등이 될 수 있을 거예요. 1년이 12개월이니까, 제 생각에는 대략 2개월씩 해서 1년에 6번씩 점수를 매기는 식으로요. 점수는 올라갔다 내려갔다 할 수 있을 거예요. 점수는 주관적으로 매기면 됩니다. '얼마나 자주 만났다.'라는 항목에 대해 '매일 만났지. 그런데 만난 지 10분 만에 헤어지곤 했어.'라고 불만족스러운 생각이 들면 100점 만점에 10점만 주면 되겠죠.

이 연애 성적표에서는 연애를 얼마나 많이 했는지 기록하는 게 중요한 게 아니에요. 나의 연애 상대에게 점수를 매기는 것도 아니에요. 시험 성적표가 이 학생의 학업 능력이 지금 어느 단계인가를 보여 주는 것과 마찬가지로, 연애 성적표는 '지금 내가 어떤 연애를 하고 있나.' '내가 정말 좋은 연애를 하고 있나.' 생각해 보게 하는 도구라고 할 수 있습니다. 또 '나는 연애에서 이런 점을 중요시하는데 상대방은 저런 점을 중요시하는구나.' 하고 서로의 취향과 태도를 비교해 보고 조율해 보는 도구라고도 할 수 있고요.

연애 성적표를 만들어 보라고 하면 아이들이 굉장히 재미있어 합니다. 스스로 항목을 만들고 점수를 매기다 보면 이 연애가 자신을 성장시키는 연애인지 아이들이 판단하곤 해요. '아, 내가 이런 점 때문에 자꾸 헤어졌구나. 이런 점은 내가 고쳐야겠네.' 하

연애 성적표 이름 이영희 나이 29살

	1학기	2학기	총점	비고
전애인 A (약 1년)	학점 90점	학점 40점	학점 60점	스타일 큰 키에 준수한 외모. 평소에는 젠틀한 성격이지만 술마시면 술주정이 심함. 직업 대학생 출석률 (상 / 중 / 하)
	이유 준수한 외모에 성격이 잘 맞았음. 둘 다 활발한 성격이라서 만나면 재밌게 놀았음.	이유 평소에는 다정다감한데 술 마시면 연락이 안 됨…	이유 일주일에 4~5번은 술! 술만 아니었음 좋았을 텐데…	
전애인 B (약 6개월)	학점 80점	학점 0점	학점 0점	스타일 모범생 스타일의 외모와는 달리 인성이 별로였음. 꼴도 보기 싫음. 직업 대기업 사원 출석률 (상 / 중 / 하)
	이유 전애인A랑 헤어지고 힘들어 했을 대 잘 챙겨줌. 2년 전부터 나를 좋아하고 있었다고 함.	이유 취업 후 인턴 동기랑 바람남.	이유 X새끼…	
전애인 C (약 2년)	학점 40점	학점 90점	학점 80점	스타일 키는 작지만 다부진 체격. 목소리가 굉장히 좋음. 츤데레 스타일. 직업 광고기획자 출석률 (상 / 중 / 하)
	이유 무뚝뚝하고 카톡도 단답이라서 첫인상은 안 좋았음.	이유 어른들 공경할 줄 알고 만나면 만날수록 좋은 사람. 부끄러움이 많아서 표현을 잘 못했다고 함.	이유 해외로 이직하는 바람에 헤어지게 됨. 아직 못 잊었음 ㅠ.ㅠ	

고 스스로를 돌아보기도 하고요.

아직 연애를 해 보지 않은 아이에게는 친구 관계로 대신 만들어 보라고 해도 좋아요. 연애를 많이 하는 아이들은 자꾸 하는 반면 모태솔로인 아이들도 굉장히 많아요. 또 연애 감정 없이 그냥 성관계만 가지는 아이들도 있어요. 이런 아이들은 친구 관계로 대신 성적표를 만들어 보고 그 과정을 통해서 자신의 연애를 구체적으로 시뮬레이션해 보는 것이 도움이 됩니다.

딸 성교육 33

처음 성관계를 하기에 적절한 시기가 있나요?

◇ ◇ ◇

무슨 선거 가능 연령처럼 몇 살을 기준으로 이때부터 모든 사람이 성관계가 가능하다 이런 건 아니라고 봅니다.

제가 제시하는 첫 번째 기준은, 앞에서도 여러 번 강조한 성적 주체성을 충분히 가지고 있는 나이입니다. 내 상황은 어떠한지 충분히 준비되어 있는지 상대방과의 관계는 어떠한지 등을 모두 고려해야 합니다. 그리고 성관계는 혼자 하는 것이 아닌 만큼 두 사람 모두 이런 기준을 충족한 상태에서 서로 동의해야 하겠지요.

그런데 동의를 했다고 '자, 그럼 이제 섹스 시작!' 이런 것이 아닙니다. 미리 여러 가지를 조율하고 준비해야 합니다. 이때 서로 준비해야 하는 사항이 꽤 많습니다.

먼저, 장소와 시간에 대한 준비입니다. 두 사람만 안전하게 시간을 보낼 수 있는 장소와 시간을 골라야겠지요. 그렇게 해서 미리 '디데이'를 잡아 두는 것이 좋습니다.

특히 처음 성관계를 하는 경우에는 특별한 판타지를 가지고 있을 수 있어요. 예를 들어 근사한 호텔에서 촛불을 켜 놓고 싶다거나 속옷은 꼭 어떤 브랜드를 입고 싶다거나 하는 것처럼요. 그런 판타지가 있다면 실현할 수 있도록 함께 노력해야 합니다. 그것을 함께 준비하는 과정이 더 로맨틱하고 즐거울 수도 있습니다.

그다음으로, 피임에 대한 준비가 있습니다. 피임 방법에 대해 알아봐야 하는 것은 너무도 당연하고요, 혹시라도 임신하게 될 경우에는 어떻게 할 것인지까지 미리 생각해 보아야 합니다.

제가 이런 것들이 함께 준비되었다면 그때 비로소 성관계가 가능하다고 설명하면, 많은 아이들이 "아휴, 그럼 언제 해요. 평생 못하겠네."라고 한숨을 쉽니다. 그만큼 성관계는 특정 나이가 되었다고 해서 막 할 수 있는 것이 아니라 많은 준비가 필요하다는 겁니다. 이런 준비가 되지 않았다면 아무리 성인이라도 성관계를 가지면 안 됩니다.

그래서 저는 입을 삐죽이는 아이들에게 이렇게 말하곤 합니다. "빨리 한다고 좋은 게 아냐. 준비가 안 됐으면 늦게 할수록 좋

아. 빨리 하고 싶으면 성에 대해 열심히 공부해." 다시 한번 강조하지만, 성은 예상하고 준비하고 책임지는 주체적인 행동입니다.

딸 성교육 34

처음 성 경험을 할 때는 피가 나오나요?

◇ ◇ ◇

이런 질문은 소위 처녀막이라는 것을 염두에 둔 것이죠. 굉장히 오랫동안 여성은 결혼하기 전 남성과의 성관계를 경험하지 않도록 강요받았습니다. 손상되지 않은 '처녀'라는 상품으로서 남편에게 건네어져야 했기 때문입니다. 만약 손상되었다고 여겨지는 경우 집안의 명예에 먹칠을 한 것으로 취급받았죠.

지금은 이런 문화가 이전보다 상당히 약화되긴 했습니다. 하지만 내 여자 친구나 아내가 처녀이기를, 적어도 처녀인지 아닌지 확인할 수 있기를 원하는 바람이 젊은 남성들 사이에도 암암리에 있습니다. 심지어 10대 남자아이들 사이에도 말입니다. 그리고 많은 여자아이들도 이런 점을 의식하면서 처음 성관계를 가질 때 피가 나올지 여부에 신경을 씁니다.

하지만 처녀막이라는 것은 엄연히 잘못된 용어입니다. 일단 '막'이라는 표현부터가 너무나 오해를 불러일으키는 말이에요. 마치 질의 안쪽을 얇은 막이 막고 있는 것 같은 상상을 하게 만들거든요. 실제로 그렇다면 생리혈이 어떻게 질 밖으로 흘러나올 수 있겠습니까. 생리혈이 밖으로 나오지 못해 몸에 이상이 생기고 말걸요. 그런 막 같은 것은 존재하지 않습니다.

사람의 몸에는 근육이 있잖아요. 질에 있는 근육을 질 근육이라고 합니다. 질 근육은 평소에는 닫혀 있다가 보통 세 가지 경우에 열립니다. 첫째, 생리를 할 때, 둘째, 아기를 낳을 때, 그리고 셋째, 성관계를 가질 때입니다. 성관계를 시작하자마자 바로 질이 열리는 것이 아니라 애무를 하다 보면 액이 나오고 부드러워지면서 질이 열리게 됩니다.

그렇다면 우리가 처녀막이 터져서, 또는 처녀막이 찢어져서 나온다고 생각하는 피의 정체는 무엇일까요? 성관계를 하다 질에 상처가 나서 피가 나는 것입니다. 한마디로 잘못된 삽입 때문이죠. 여성이 처음 성관계를 가질 때는 여성 자신도 서툴고, 상대도 마찬가지로 서툴 가능성이 많다 보니 그렇게 되는 것입니다.

그래서 피의 유무를 가지고 성관계의 유무를 판단하는 것은 불가능합니다. 첫 성관계를 가질 때 피가 전혀 나오지 않거나, 며칠 지나서 피가 나오거나, 다음 성관계를 가질 때 피가 나오는 등 사례는 다양합니다.

저는 처녀막이라는 단어를 다른 표현으로 바꾸기를 제안합니다. 제가 적당하다고 생각하는 표현은 '질 주름'입니다. 질에 있는 주름이라는 뜻이죠. 무릇 단어는 고정된 것이 아니라 시대의 변화에 따라 변해 나가는 법입니다. 이렇게 단어를 바꿈으로써 여성과 남성에게 다르게 가해지는 성에 대한 잣대도 수정되기를 바랍니다.

딸 성교육 35

처음 성관계를 할 때 많이 아픈가요?

◇ ◇ ◇

청소년들의 성관계 경험 비율이 높아지긴 했지만 그래도 아직은 성관계를 경험해 보지 않은 아이들이 더 많습니다. 이 아이들은 성관계를 하면 어떤 느낌일까 호기심을 가집니다. 자연스러운 현상이지요. 그런데 남자아이들은 잘 안 하는데 유독 여자아이들이 많이 하는 질문이 있습니다. 첫 성관계가 많이 아플까 하는 것입니다.

아이들이 이런 질문을 하게 되는 데에는 여러 이유가 있습니다. 질 주름(처녀막)에 대한 오해 때문일 수도 있습니다. 성관계 경험이 있는 친구에게 "내가 처음 할 때 되게 아프더라." 하는 이야기를 들었기 때문일 수도 있습니다. 책이나 영화에서 첫 성관계를 하는 여성이 고통스러워하는 장면을 보았기 때문일 수도 있습니다.

성관계를 할 때 여성이 아픔을 느끼는 경우는 질이 완전히 열리지 않았는데도 남성의 성기가 억지로 삽입되기 때문입니다. 그리고 질이 완전히 열리지 않은 것은 전희가 부족해서 여성이 성적으로 흥분하지 않은 상태이기 때문이고요.

처음 성관계를 할 때는 아무래도 서툴잖아요. 상대 역시 서툴 가능성이 높겠지요. 그러니 전희를 충분하게 하지 않아서 또는 너무 긴장하는 바람에 몸이 굳어서 질이 완전히 열리지 않아 아픈 것입니다.

다시 말해, 첫 성관계라고 해서 아픈 것이 당연한 것이 아닙니다. 그러니 아픈 것을 견디면서 굳이 삽입 성교를 하지 않아도 돼요. 조급해할 필요 없이 좀 더 시간을 가지고 노력해 가면서 시도하면 됩니다. 꼭 삽입 성교까지 가야 한다는 생각 자체를 버리는 편이 더 도움이 될 수 있어요. 삽입 성교에 집착하지 말고 자신의 몸과 상대의 몸에 집중해야 성관계가 즐거울 수 있거든요.

이와 비슷한 유형의 질문으로 "성관계를 하면 엄청 좋나요?"라는 질문이 있습니다. 언뜻 보기에는 정반대의 질문 같지만, 성관계에 대한 호기심과 오해가 원인이 되었다는 점에서 비슷한 질문인 셈입니다.

성관계는 나의 몸에 대해 잘 알고 상대와 서로 잘 맞출 수 있을 때에만 즐거울 수 있습니다. 그렇지 않다면 별로 좋지도 않은데다 심하면 고통스러울 수도 있지요. 특히 여성은 삽입 성교를 한다고 해서 꼭 쾌감을 느끼는 것이 아니기 때문에 더욱 그렇습니다. 일부 영화에서는 여성이 성관계를 시작하자마자, 또는 삽입이 되자마자 좋아하는 것으로 묘사되는 경우가 많은데 실제는 그렇지 않습니다. 그러니 첫 성관계부터 바로 좋기는 쉽지 않지요.

그래서 저는 아이들에게 꼭 이야기해 줍니다. 성관계는 노력에 달린 것이라고 말입니다. 성관계란 혼자만의 행복이 아니라 더불어 함께하는 행복이라는 것을 아이들이 알았으면 합니다.

딸 성교육 36

사귀는 친구가 자꾸 스킨십을 요구해요

◇ ◇ ◇

만약 아이 역시 상대와 스킨십을 하고 싶은 상태라면 굳이 이런 고민을 하지 않았을 거예요. 자신은 그렇게까지 바라지 않는데 상대가 스킨십을 요구하는 것이 부담스럽게 느껴지니까 이렇게 질문을 하는 것이지요. 그러니까 이 질문에는 "어떻게 거절하면 좋을까요?" 내지는 "어떻게 해야 거절할 수 있을까요?"라는 함의가 담겨 있는 셈입니다.

따져 보면 단순하잖아요. 그냥 "난 너와 스킨십하고 싶지 않아."라고 말하면 되는 거니까요. 그런데 이런 질문을 하는 아이는 그렇게 단호하게 말하는 것 자체가 힘든 겁니다. 거절했다가 상대가 기분 상할까 봐 걱정되기 때문이기도 하고, 상대의 정당한 요구에 자신이 괜히 고집을 피우는 것일까 혼란스럽기 때문이기도 합니다.

이런 질문을 받으면 저는 아이 본인이 스킨십을 하고 싶은지 안 하고 싶은지, 사귀는 친구가 스킨십을 요구할 때 어떤 기분이 드는지 곰곰이 생각해 보라고 합니다. 그런 다음에 상대와 허심탄회하게 대화를 나누어 보라고 하지요. 즉, 자신이 원하는 것을 스스로 확실히 하고 그것을 상대에게 분명하게 전달하라는 말입니다.

그러면 또 이런 질문이 나오기도 합니다. "그렇게 했는데도 그 애가 계속 스킨십을 요구하면 어떡해야 돼요?" 저는 단호하게 대답합니다. 헤어지라고 말이지요. 그런 사람은 관계 자체에 진지함이 없고 상대를 존중하려는 의지도 없고 오직 스킨십에만 관심이 있는 것이니 사귀어 봤자 좋을 게 하나도 없으니까요.

물론 제 대답대로 사귀는 친구와 관계를 끝낼지는 아이의 선택이지요. 아마 쉽게 끝내지 못하는 아이가 더 많을 것 같습니다. 이런 질문을 한다는 것은 그 아이가 주체성이 낮은 단계라는 사실을 보여 주는 셈이니까요. 이 아이에게 가장 필요한 것은 주체성 높이기 연습을 장기적으로 하는 것입니다.

또 이런 경우도 있습니다. "남자 친구와 있을 때 남자 친구가 갑자기 당황하는 것이 느껴져요." 아래쪽을 슬쩍 보니 바지가 불룩해져 있는 것 같아요. 양쪽 모두에게 참 난감한 상황이죠. 사실 발기란 것은 꼭 성적 의도를 가지고 있지 않아도 일어날 수 있는 건데 말이에요. 물론 스킨십 없이 그냥 같이 있기만 해도 성적으로 흥분되어서 발기가 될 수 있기도 하죠.

아이가 발기에 대해 잘 모르고 있으면 남자 친구가 발기했을 때 부정적인 생각을 할 수도 있어요. 남자 친구에게 어떤 나쁜 의도가 있는 것이 아닌가 하고 오해하는 거예요. 이런 오해를 막으려면 남자 친구가 담담하게 있는 그대로 잘 설명해 주면 좋겠지만, 여자아이 본인도 남자의 몸에 대해 잘 알아 두어야 할 필요가 있어요.

문제가 되는 것은 이런 경우입니다. 발기가 되었다는 사실 자체를 스킨십을 요구하는 무기로 이용하는 남자아이들이 있어요. "발기됐을 때는 꼭 사정을 시켜 줘야 하는 거야. 사정 안 시키면 병이 나. 네가 도와줘."라고 거짓말까지 해 가면서 여자 친구에게 압박을 가하는 겁니다. 이렇게 해서 스킨십을 하는 것은 명백한 성폭력이에요.

주체성이 튼튼하지 않은 여자아이라면 이 경우 남자 친구의 눈치를 보며 흔들리게 되지요. 상대방의 요구를 들어주지 않으면 자신을 싫어하게 될까 봐 머뭇거리다가 원치 않는 관계를 맺을 수도 있습니다. 하지만 성관계는 자신의 감정과 생각으로 중심을 잡고 판단해야 합니다.

사실 남자 친구가 이런 요구를 할 때 조금만 생각해 보면 얼마나 말이 안 되는 소리인지 알 수 있어요. 남자 친구 본인이 발기에 적절히 대처하면 되는 것이지, 남자 친구의 발기에 여자 친구가 맞춰 주어야 하는 것이 아니잖아요. 그건 내가 내 몸의 주체가 되지 못하고 남의 몸의 노예가 되는 것입니다.

딸 성교육 37

사귀는 친구가 집착을 해서 힘들어요

◇ ◇ ◇

사귀는 사이에 자주 연락하려 하고 어디 있는지 알고 싶어 하고 때로 질투를 하는 것은 자연스러운 일입니다. 하지만 그런 행동이 한쪽을 힘들게 한다면 그것은 데이트 폭력의 단계로 접어들었다고 할 수 있지요.

그래도 아이가 이렇게 질문을 해 왔다면 다행한 일입니다. 문제의식을 느끼고 도움을 요청한 셈이니까요. 이 아이는 주체성이 적어도 보통 이상은 되는 아이인 것입니다. 만약 주체성이 낮은 아이라면 문제의식 자체를 느끼지 못했을 거예요. 상대의 심한 집착도 다 나를 사랑하는 증거라고, 일종의 애정 표현이라고 여겼을 테니까요. 이런 아이의 경우가 훨씬 위험합니다.

그래서 저는 이런 질문을 한 아이에게 일단 칭찬부터 해 줍니다. 데이트 폭력을 겪을 때는 먼저 주위에 도움을 요청하는 것이 가장 중요한데 너는 그것을 했으니 참 잘한 거다, 하고 다독여 주지요.

그런 다음에 구체적인 지침을 말해 주지요. 만일에 대비해 상대가 어떻게 집착하는지 기록을 남겨 두는 것이 좋습니다. 일기를 쓰는 것도 좋고요, 녹음을 하는 것도 한 방법입니다. 녹음의 경우, 상대방의 목소리만 몰래 녹음하는 것은 불법이지만 녹음하는 당사자의 목소리도 같이 들어가면 합법적인 녹음이 됩니다.

또한 단둘이 있을 때는 가급적 다툼을 피하고, 꼭 다퉈야 한다면 공개된 장소에서, 즉 여차하면 주위에 도움을 요청할 수 있는 곳에서 하는 것이 안전합니다. 특히나 이별을 이야기할 때는 카페같이 여러 사람들이 모여 있는 곳에서 하기를 추천합니다.

그런데 이렇게까지 하다 보면 아이가 스스로 깨닫게 될 겁니다. 이런 연애를 계속하는 것은 나에게 도움이 안 된다, 헤어지는 편이 낫다 하는 사실을 말입니다.

집착의 정도가 어느 선을 넘었다면 반드시 부모님과 학교에도 알리도록 해야 합니다. 경찰에 신고해야 할 수도 있습니다. 아이는 도움을 요청하고 있는데 어른이 "연애하다 보면 그럴 수도 있단다." 하고 넘겨서는 절대 안 될 것입니다.

딸 성교육 38

가슴이 커지게 하는 방법이 있나요?

◇ ◇ ◇

가슴 크기에 대한 질문을 이 장의 제목으로 정했지만 비슷비슷한 질문이 신체 부위에 따라 다양한 버전으로 존재합니다. 피부가 고왔으면 좋겠는데 어떻게 하죠, 다리가 길어지게 하려면 어떻게 하나요, V 라인을 만드는 비결이 있을까요…….

그 질문에 대한 대답은 해당 신체 부위에 따라 달라질 수 있겠지요. 약을 복용하면 가능한 것도 있고, 화장품을 바르면 가능한 것도 있고, 성형을 통해서 가능한 것도 있고, 시간이 지나면 자연히 해결되는 것도 있고, 아예 불가능한 것도 있을 겁니다.

하지만 그런 대답은 이 아이를 위한 근본적인 해결책이 될 수 없습니다. 아이로 하여금 이런 질문을 하게 만든 것은 못생긴 신

체 부위가 아니라 낮은 주체성이기 때문입니다. 만약 이 아이가 어떤 식으로든 가슴이 커지는 데 성공한다면 어떻게 될까요? 만족하는 것은 잠시일 뿐, 얼마 안 가 또 다른 신체 부위에 불만을 품게 될 겁니다. 그리고 어느새 비슷한 질문을 하고 있겠지요.

주체성이 높은 아이는 자신의 몸을 있는 그대로 아끼고 사랑합니다. 자신의 몸을 남들이 원하는 시선에 맞춰 고치려 하지 않습니다. 다른 사람이 "넌 살을 좀 빼야겠다."라든가 "넌 쌍꺼풀 수술만 하면 더 예쁠 텐데." 하면 "내 몸이 어때서. 난 내 몸이 좋아." 하고 당당하게 받아칩니다.

저는 종종 제 몸에게 수고했다고 말합니다. 주로 샤워할 때, 제 몸에 집중하게 될 때 이렇게 말합니다. 다리를 씻으면서 "다리야, 오늘도 몸 전체를 지탱하고 그 멀리까지 가느라 힘들었지? 그런데도 이렇게 집까지 무사히 와 줬구나. 고생 많았다." 하기도 하고, 머리를 감으면서 "머리야, 열심히 일해 줘서 고맙다. 네 덕분에 강연을 잘 마칠 수 있었어." 하기도 하지요. 이렇게 하면서 제 몸에 더 집중하게 되고 제 몸을 위해 어떤 일을 해야 하는지 생각해 보게 됩니다. 그렇다 보니 저는 신발에 좀 더 투자하게 되었답니다. 제 직업이 강사라 돌아다닐 일이 많은데, 힘든 나의 발을 위해 신경을 써야 한다는 사실을 깨달았거든요.

저는 아이들에게도 이렇게 해 보라고 권합니다. 그럼으로써 자신의 몸을 사랑하게 될 뿐 아니라 일종의 주체성 높이기 훈련이 되기 때문입니다.

딸 성교육 39

생리대 말고 탐폰이나 생리컵을 사용해도 될까요?

◇ ◇ ◇

바로 앞의 장 제목과 같이 "생리혈 색깔이 갈색인데 병이 있는 건가요?"라는 질문을 받으면 아직도 많은 아이들이 자신의 몸에 대한 지식이 부족하다는 생각이 듭니다. 반대로, 그래도 많은 아이들이 예전보다는 많은 지식을 갖추고 있다는 사실을 실감할 때도 있습니다. 이 장의 제목과 같이 탐폰이나 생리컵에 대한 질문을 받을 때이지요.

아이들이 탐폰과 생리컵에 대해 알게 되고 관심을 가지게 되는 것은 성교육 시간을 통해서인 경우도 있지만, 그보다는 인터넷을 통해서인 경우가 더 많은 것 같습니다. 탐폰과 생리컵은 생리대에 비하면 대중화되어 있다고 말하기 힘들지만, 요즘은 워낙 SNS

가 활성화되어 있다 보니 여성들 사이에 관련 정보가 활발하게 전달되고 있는 것입니다.

그런데 아이가 이런 질문을 제게 했다는 것은 관심은 가는데 여전히 마음속에 두려움 내지 거부감이 있다는 의미입니다. 정말로 괜찮은지 전문가에게 한번 확인받고 싶은 심리가 깔려 있는 셈입니다. 이 아이에게 두려움과 거부감을 준 것은 생리대와 달리 탐폰과 생리컵은 질 안으로 넣어야 한다는 사실입니다. 아직 성 경험이 없다 보니 질 안에 넣었다가 질 주름(처녀막)에 영향을 주지 않을까 하는 것이지요.

그래서 저는 이런 질문을 하는 아이에게 일단 처녀막에 대해 설명해 줍니다. 소위 처녀막이라 하는 것이 실은 질 주름이며, 처녀막이라는 이름 자체가 오해를 불러일으킨다고 말입니다. 그러니 탐폰이나 생리컵을 질 안으로 넣는다고 해서 걱정할 필요가 없다고 안심시켜 줍니다.

그렇다고 기존의 생리대보다 탐폰이나 생리컵을 쓰는 편이 좋다고 떠밀지는 않습니다. 물론 개인이 직접 경험해 보고 주위에 적극적으로 권하는 것이야 얼마든지 가능한 일이지만, 저는 성교육 강사로서 원칙을 말해야 하니까요. 원칙은 자신에게 맞는 유형의 제품을 스스로 찾아야 한다는 것입니다. 다만 그 과정에서 지레 편견이나 두려움을 가지지 않도록 유의하면 됩니다.

딸 성교육 40

생리혈 색깔이 갈색인데 병이 있는 건가요?

◇ ◇ ◇

이제 막 생리를 시작한 아이들에게 생리라는 것은 정말 낯설고도 희한한 일일 수밖에 없습니다. 미리 성교육을 받아서 생리에 대한 지식을 갖추고 있는 아이라 해도, 초경 파티를 열고 생리에 대해 긍정적으로 생각하고 있는 아이라 해도 말이지요.

그렇다 보니 성인 여성에게는 익숙한 것이거나 별일 아닌 것도 아이에게는 무척 궁금한 것일 수 있습니다. 아무래도 생리라는 것이 몸 내부에서 일어나는 현상이다 보니 궁금함을 넘어 '내 몸에 이상이 있는 건가?' 하고 더럭 겁을 먹기도 합니다.

생리혈이 갈색인데 괜찮을까요, 몸에 문제가 있는 걸까요, 라는 것은 아이들이 비교적 자주 하는 질문입니다. 갈색이 아니라 검은색이라거나 초콜릿색이라고 표현하는 아이들도 있고요. 이런 질문을 받으면 저는 성교육이 좀 더 구체적이 되어야 하는 것이 아닌가 하는 생각이 듭니다. 생리에 대해 '피가 나온다.'라고만 설명할 뿐, 갈색 생리혈까지 미리미리 알려 주는 경우는 많지 않더군요.

생리혈이 배출될 때 대기 중의 산소와 결합하면서 생리혈 속에 있는 철분 성분이 산화되는데, 이로 인해 생리혈이 갈색을 띠게 됩니다. 그리고 생리혈이 배출된 후에 시간이 많이 지나면 갈색이 점점 짙어집니다. 이것은 꼭 생리혈만이 아니라 모든 혈액에 해당됩니다.

갈색 생리혈이 나왔다는 것은 질 내부에서 생리혈이 고여 있다가 산화되었다는 것을 의미합니다. 생리가 시작될 때나 끝날 때 검은 생리혈이 나오는 경우가 많은데 이런 정도라면 그리 걱정할 필요가 없습니다.

생리 기간 내내 갈색 생리혈만 나오는 경우도 있습니다. 그렇다 해도 당장 심각하게 여기지는 않아도 됩니다. 대개는 일시적으로 컨디션이 안좋거나 스트레스로 인한 것이기 때문에, 충분히 휴식을 취하고 생활의 안정을 되찾으면 증상이 완화됩니다.

하지만 몇 달씩 지속된다면 산부인과에 가서 검사를 받아 보는 것이 좋겠지요. 자궁내막증, 자궁근종 등 자궁에 생긴 질환이 갈색 생리혈을 유발하기도 하니까요. 간단한 자궁 초음파 검사를 통해 원인을 알아볼 수 있습니다.

딸 성교육 41

성기에 통증이 있는데 산부인과에 가야 하나요?

◇ ◇ ◇

제가 앞에서도 산부인과 진료의 중요성을 여러 번 강조했지요. 비록 예전에 비해 바뀌었다고 해도, 아직 우리 사회에는 결혼하지 않은 여성이, 더구나 10대인 여성이 산부인과에 가는 것에 대한 거부감이 있습니다. 많은 아이들 역시 그런 거부감을 가지고 있고요.

그렇다 보니 산부인과에 갈 필요가 있는데도 혼자 끙끙 고민만 하고 있는 아이들이 있습니다. 아이들은 성관계를 했다고 오해받을 봐 산부인과에 가기를 꺼립니다. 또는 성관계를 했다고 비난받을까 봐 꺼립니다. 이러나 저러나 다 고민인 셈이지요.

사실 성기의 통증은 성병이 원인일 수도 있지만 성병이 아닌 다른 요인으로 생길 수도 있습니다. 성병이 원인이라 해도 성관계를 통해 옮았을 수도 있지만 위생 관리가 제대로 되지 않은 목욕탕이나 화장실, 침구류를 통해 옮았을 수도 있습니다. 중요한 것은 성관계 여부를 따지는 것이 아니라 제대로 치료받는 것입니다.

그러므로 아이가 이런 질문을 하면 우선 안심을 시키고 산부인과를 찾도록 지도해 주어야 합니다. 아이가 혼자 고민하다가 그 사이 병을 키웠을 수도 있어요. 그러니 가급적 빨리 산부인과에 가도록 해야 해요.

아이는 꼭 여의사를 찾아갈 것이냐, 그냥 남의사에게 갈 것이냐로 고민할 수도 있어요. 너무 오래전이라 제목은 잘 기억이 안 납니다만, 어느 미국 드라마에서 제가 인상적으로 본 장면이 있습니다. 싱글맘과 함께 사는 한 10대 여자아이가 처음으로 산부인과 진료를 받습니다. 어디가 아파서 그런 것은 아니고 검진 차원에서 받은 것입니다. 남의사이지만 누구도 그 사실을 개의치 않습니다. 그런데 이 아이의 엄마가 그 의사와 눈이 맞아 연애를 시작하게 됩니다. 아이는 엄마의 연애를 축하하면서도 이제 다른 산부인과에 가겠다고 합니다. 엄마의 남자 친구에게 산부인과 진료를 받고 싶지는 않다고 말하면서 말이에요. 바꿔 말하면, 산부인과 의사가 남자인 것 자체는 신경 쓰지 않는다는 것이지요. 그

장면을 보면서 그만큼 미국에서는 산부인과 진료가 10대 아이들에게도 보편적이라는 점이 느껴져 부러웠습니다.

그렇다고 남의사에게 가기를 주저하는 아이에게 억지로 권해야 한다는 의미는 아닙니다. 아이의 거부감이 크다면 우선 여의사에게 가도록 하는 것이 좋습니다. 그렇게 산부인과 진료를 받으면서 아이 스스로 산부인과에 대한 거부감을 없애는 것이 가장 중요합니다.

딸 성교육 42

성기 모양이 이상한 것 같아요

◇ ◇ ◇

찍어낸 듯 똑같이 생긴 사람이 없듯 성기의 모양도 사람마다 조금씩 다릅니다. 여성의 성기든, 남성의 성기든 그렇습니다. 하지만 수술이 필요할 정도로 모양이 비정상적인 성기는 거의 없습니다. 그런 경우는 정말 소수에 불과해요.

그런데도 이런 질문을 한다는 것은 자신의 성기를 보면서 무언가 어색해 보인다는 것이겠지요. 여성은 몸의 구조상 자신의 성기를 일상적으로 쉽게 보기가 힘듭니다. 몸을 기울이고 거울을 동원하는 등 노력을 기울여야 성기를 자세히 관찰할 수 있습니다. 몸을 기울이기 불편하다면 의자나 욕조에 발을 올려놓은 자세로 좀 더 편히 볼 수 있는 정도지요.

평소에 잘 살펴보지 않다가 그렇게 해서 성기를 보게 되면 자신의 성기가 낯설게 보입니다. 더욱이 성기 그림과 비교하다 보면 여기가 너무 크게, 한쪽만 너무 늘어졌네 하고 불만스러운 마음이 들 수 있어요.

외부적인 요인이 영향을 미쳤을 수도 있어요. 야동에 등장하는 여성 배우들의 성기와 비교해 보았다든지, 또는 남자 친구가 성관계를 하는 도중에 놀렸을 수도 있어요. 그런 일이 계기가 되어 자신의 성기에 문제가 있다고 여기게 된 것이죠. 저는 일단, 그렇게 이야기하는 이가 있다면 결코 좋은 사람이 아니라고 말하고 싶고요, 야동 속의 여자 배우의 성기가 표준인 것도 아니라는 점도 말하고 싶어요.

혹시나 성기 모양 때문에 성관계를 가질 때 불편할까 걱정될 수도 있어요. 그런데 사실 남자의 성기도 제각각 조금씩 다르고 여자의 성기도 제각각 조금씩 다르기 때문에 어차피 모든 남자의 성기에 딱 적합한 이상적인 성기란 존재할 수 없어요. 두 사람의 성기가 처음부터 딱 맞기도 힘들고요. 대화를 하면서 맞춰 가야 하는 것이죠.

자신의 성기를 관찰하는 것은 여성의 주체성 훈련이라는 면에서 중요합니다. 그래서 제가 사춘기 아이들을 대상으로 성교육을 할 때 종종 했던 것이 있어요. 자신의 성기 그려 보기예요. 그러려면 자신의 성기를 자세히 관찰해 봐야 하잖아요. 그 과정에서 자신의 몸을 긍정하고 소중히 여기는 마음도 생기게 됩니다.

딸 성교육 43

성적 취향이 남들과 다른 것 같은데 이상한 건가요?

◇ ◇ ◇

이 질문에 놀라셨다고요? 말씀드린 대로 사춘기 아이들도 엄연한 성적 존재인 만큼 이런 고민을 하는 경우도 있습니다.

이런 질문을 받으면 일단 그 아이가 어떤 종류의 성적 취향을 가지고 있는지 물어봅니다. 아이들이 털어놓는 성적 취향을 들어보면 다양해요. 특정한 속옷을 입은 채 만지는 것이 좋다는 아이도 있고, 음악은 어떻고 조명은 어떻게 해야 흥분이 된다는 아이도 있고, 성기 외의 특정 부위에 페티시를 가진 아이도 있고요.

혼자 그런 취향을 가지고 있다는 것은 별로 문제가 안 돼요. 취향은 얼마든지 특이할 수도 있는 거예요.

문제가 되는 경우는 자신의 취향을 상대에게 요구할 때예요. 이

때도 상대가 취향을 받아 준다거나 상대 역시 같은 취향을 가지고 있다면 괜찮겠죠. 하지만 상대가 동의하지 않을 때에는 포기하든지, 아니면 아예 같은 취향을 가진 사람을 사귀든지 해야죠.

물론 반대의 경우도 마찬가지예요. 상대가 특이한 취향을 가졌다고 해서 변태라고 몰 필요는 없어요. 하지만 상대가 그 취향을 내게 요구했을 때 내가 내키지 않는다면 거부하면 됩니다. 내가 동의하지 않는데도 상대가 자꾸 요구한다면 그건 문제입니다. 그러니까 본인이 상대의 성적 취향을 어디까지 받아 줄 수 있느냐도 미리 생각해 보아야 해요.

제가 강조하고 싶은 점은, 성관계를 맺는 것에 대해 충분히 생각해 보았다면 성관계를 하기 전에 성적 취향을 미리 맞추어 보라는 것입니다. '성 토크'라고나 할까요. 성 토크를 해서 서로의 성적 취향에 대해 소통해 보고 받아들일 부분은 받아들이고 거절할 부분은 거절하고, 그렇게 해서 서로 합의를 한 다음에 성관계를 하라는 것이에요.

성 토크를 잘하면 서로의 성적 취향을 좀 더 잘 받아들이게 되고, 그 과정에서 자신도 몰랐던 새로운 성적 취향을 발견하기도 합니다. 그러니 처음부터 성적 취향이 꼭 맞는 사람을 찾기보다는 성 토크를 잘 나눌 수 있는 사람이 중요합니다. 성에 대해 소통하는 자세가 성을 더욱 건강하고 밝게 만듭니다.

딸 성교육 44

질내 사정만 안 하면 임신이 안 되나요?

◇ ◇ ◇

질외 사정이 질내 사정보다 임신 확률이 떨어지기는 하겠죠. 하지만 단 한 번의 관계라도 임신이 된다면 너무나 큰 결과를 불러오지 않습니까.

실제로 질외 사정을 했는데 임신을 하게 되었다며 당황해하는 사춘기 아이들을 상담한 적이 있습니다. 그런 점에서 질외 사정은 차마 피임법이라고 이름 붙일 수조차 없습니다. 바로 쿠퍼액 때문입니다. 쿠퍼씨액이라고도 하죠.

쿠퍼액은 미국의 쿠퍼라는 사람이 발견해서 이러한 이름이 붙었습니다. 한마디로 남성의 성기에서 나오는 일종의 윤활유가 쿠퍼액이라고 할 수 있습니다. 남성이 성적으로 흥분했을 때 맑은 액체 같은 소량의 액이 나옵니다. 이 쿠퍼액에도 튼튼한 정자가 100~300개 정도 들어 있습니다. 이 개수 자체는 적은 편이긴 하지만 활동성이 강하고 더욱더 건강한 정자라는 점을 명심해야 합니다. 임신 가능성을 배제할 수는 없는 것입니다.

따라서 남성이 삽입을 한 이후에 중간에 콘돔을 착용하는 것은 위험합니다. 콘돔을 착용하기 전에 이미 쿠퍼액이 나오니까요. 삽입하기 전에 반드시 콘돔을 착용해야 안전한 피임법입니다.

이와 비슷한 종류의 질문으로 "배란기를 잘 따져서 성관계를 가지면 임신이 안 되나요?"가 있습니다. 제 대답은 같습니다. 배란기가 아닐 때는 배란기 때보다 임신 확률이 떨어지기는 합니다. 하지만 배란기가 아닐 때 성관계를 했다가 임신을 하는 경우들도 있습니다.

인간의 몸은 기계처럼 딱딱 규칙적으로 돌아가지 않습니다. 선천적인 이유로, 또는 스트레스 같은 외부적 원인 때문에 배란이 불규칙하게 이루어질 수 있습니다. 그러니 임신 확률이 떨어진다고 해서 확률이 0퍼센트가 되는 것은 결코 아닙니다. 배란기를 따지는 것은 질외 사정과 마찬가지로 결코 피임법이라고 할 수 없습니다.

불완전한 피임법에 의존하면 성관계 자체가 불안하고 힘듭니다. 임신에 대한 공포 때문에 성관계를 하는 도중에도, 성관계 이후에도 불안에 시달려야 합니다. 안전한 피임법만이 서로 책임지는 성관계를 만들 수 있다는 점을 꼭 기억해야 합니다.

딸 성교육 45

콘돔을 쓰면 몸에 안 좋나요?

◇ ◇ ◇

이런 질문을 하는 아이들은 두 가지 유형으로 나뉩니다. 그 두 가지 유형은 정반대편에 있다고 표현할 수 있을 정도로 서로 다르지요.

한 가지 유형은, 피임 지식이 부족하고 콘돔에 대한 이해가 부족한 아이입니다. 이 아이는 주위 친구들이나 인터넷에서 콘돔이 몸에 안 좋다는 소문을 주워들은 것이지요. 어쩌면 사귀는 상대가 악의적인 의도를 가지고 그렇게 말했을 수도 있고요. 여자 쪽에 피임의 책임을 떠넘겨서 자신은 콘돔을 하지 않은 채 성관계를 하기 위해서 말이지요.

콘돔은 여성의 질 안으로 들어가서 몸 안쪽과 접촉하게 됩니다. 언뜻 생각하면 콘돔 재질이 몸 안쪽에 닿는 것이 좋지 않다는 것이 그럴싸하게 느껴질 수도 있습니다. 하지만 콘돔은 몸에 직접 닿는 것이기에 국가에서 정해 놓은 엄격한 규정에 따라 제작되고 있습니다. 따라서 재질도 인체에 해를 미치지 않는 것이고요.

오히려 콘돔을 사용하는 것이 피임만이 아니라 건강을 위해서도 도움이 됩니다. 콘돔을 끼고 성관계를 하는 것이 위생상 더 나으니까요. 성병이나 체액으로 감염될 위험도 막을 수 있고요.

또 다른 유형은 피임 지식을 잘 알고 있고 관심도 많은 상태에서 더 나은 피임에 대해 고민하는 아이입니다. 아무리 어떤 제품이 국가 규정에 따라 제작된다고 하더라도 친환경을 추구하는 사람들에게는 아쉬운 점이 있을 수 있잖아요. 그래서 요즘에는 음식, 옷, 화장품, 생리대 등 다양한 제품에서 친환경적인 대안 상품을 찾는 사람들이 늘고 있습니다. 콘돔이라고 예외가 될 이유는 없잖아요.

이런 아이에게 제가 추천하고 싶은 제품이 있어요. '이브 콘돔'이라는 것입니다. 검색해 보시면 쉽게 찾으실 수 있어요. 친환경 재료로 만들어진 제품으로, 여성도 콘돔을 살 수 있고 소지하고 다닐 수 있다는 의미에서 '이브'라는 이름을 붙였다고 합니다. 이 회사는 세 명의 청년이 공동 대표인데 그중 한 명은 여성입니다.

어떻게 이렇게 잘 아느냐고요? 제가 성교육을 하던 중에 이 친구들을 만난 적이 있거든요. 하지만 그런 인연 때문에 광고성으로 이 제품을 소개하는 것은 전혀 아닙니다. 이 제품을 만드는 의의와 취지에 공감하기 때문에 소개하는 것이니 참고하시면 됩니다. 참고로, 이브콘돔은 청소년에게는 더욱 저렴한 가격에 콘돔을 판매하고 있습니다.

딸 성교육 46

낙태는 나쁜 건가요?

◇ ◇ ◇

현실에서는 낙태가 많이 이루어지고 있지만, 원칙적으로 우리나라에서 낙태는 불법입니다. 낙태를 한 여성도 처벌받고 낙태 시술을 한 의사도 처벌받게 되어 있습니다.

낙태가 허용되는 예외도 있습니다. 법에 따르면, 본인이나 배우자가 대통령령으로 정하는 우생학적 또는 유전학적 정신장애나 신체질환이 있는 경우, 본인이나 배우자가 대통령령으로 정하는 전염성 질환이 있는 경우, 강간 또는 준강간에 의하여 임신된 경우, 법률상 혼인할 수 없는 혈족 또는 인척 간에 임신된 경우, 임신의 지속이 보건의학적 이유로 모체의 건강을 심각하게 해치고 있거나 해칠 우려가 있는 경우 등입니다. 그런데 이때 결정은 의사가 하도록 되어 있고, 여성 본인뿐 아니라 배우자의 동의도 받도록 되어 있습니다. 결혼하지 않은 여성은 배우자 대신 파트너의 동의가 있어야 합니다.

따지고 보면 좀 이상하지요. 낙태는 여성 자신의 몸과 관련된 것이고 여성의 몸에 큰 영향을 미치는 행위인데, 불법인 경우든 합법인 경우든 여성 스스로 결정해서 낙태를 하지는 못하게 되어 있는 현실이지요. 그러면서도 낙태로 인한 비난은 오롯이 여성이 지고 있습니다. 낙태를 한 여성은 처벌받지만 그 낙태의 원인이 된 성관계를 같이 한 남성은 법적으로도 처벌받지 않고 사회적 비난으로부터도 비켜나 있지요.

사실 낙태는 윤리적으로 무척 예민한 문제입니다. 여성의 몸에 대한 권리가 우선이냐, 태아의 생명에 대한 권리가 우선이냐, 이 두 관점이 첨예하게 대립하고 있기 때문입니다. 양쪽 다 나름의 논리가 있습니다.

하지만 대부분의 선진국들은 여성의 몸에 대한 권리를 우선하여 낙태를 허용하는 방향으로 법을 개정했습니다. 나라마다 기준이 조금씩 다른데, 임신 3개월 내지 6개월 이전에는 여성이 낙태를 결정할 수 있도록 되어 있습니다. 우리나라에도 이러한 방향의 변화를 요구하는 목소리가 높아지고 있습니다. 세계적 추세로 보았을 때 우리나라도 언젠가는 결국 법이 개정될 것으로 예상

됩니다.

그런데 낙태를 허용하는 선진국들은 낙태율이 그리 높지 않습니다. 오히려 낙태가 원칙적으로 불법인 우리나라의 낙태율은 OECD 최상위권입니다. 낙태율을 낮추는 것은 철저한 피임 문화, 그리고 여성이 혼자 아이를 낳아 기를 수 있는 환경입니다. 이런 조건이 갖추어지지 않은 상태에서 낙태를 불법화하는 것은 여성이 열악한 낙태 시술 환경에 놓일 위험을 높이는 것입니다. 이것 역시 우리나라에서 낙태와 관련해 여성이 겪는 불합리함입니다.

사춘기 여자아이에게 낙태에 대한 질문을 받으면 저는 아이의 표정을 조심해서 살펴봅니다. 혹시 아이가 임신을 해서 낙태를 고민하고 있는 상태일 수도 있으니까요. 지나치게 표정이 어두워 보이거나 무언가 숨기는 듯한 기미가 보이면 아이와 더 이야기를 해서 아이가 고민을 털어놓게 합니다. 낙태를 선택할 것이라면 가급적 빨리 하는 것이 몸이 회복하고 후유증을 막는 데 더 좋기 때문이에요. 그렇다고 아이가 이런 질문을 했을 때 무조건 걱정부터 할 필요도 없어요. 그저 궁금해서 질문하는 경우가 더 많으니까요.

최근 들어 페미니즘을 주장하는 목소리가 커지면서 낙태에 대한 논의도 활발해지고 있습니다. 낙태를 주제로 아이와 함께 토론하고 생각을 나누어 보는 것도 좋은 성교육이 될 수 있습니다.

딸 성교육 47

혼전 순결이 좋은 건가요?

◇ ◇ ◇

예전에 비해 성적으로 많이 개방된 분위기이다 보니 "아직도 이런 질문을 하는 아이들이 있나요?" 하고 궁금해하는 어른들이 있어요.

한때는 여성에게만 유독 혼전 순결이 강요되었지요. 성적으로 무지한 것이 순결하다고 칭송받는 인식 때문에 성에 대해 잘 가르쳐 주지도 않고 알고 싶다고 말하지도 않았습니다. 하지만 이제는 그런 관습이 많이 약해졌고 혼전 순결이라는 말 자체가 시대착오적인 것으로 여겨지기도 합니다.

물론 이런 질문 자체가 예전보다는 적어진 것은 사실입니다. 하지만 그럼에도 저는 여전히 여자아이들로부터 이런 질문을 받습니다. 그것도 제법 많아요. 대개는 기독교, 그러니까 개신교나 천주교와 연관이 있더군요. 독실한 기독교 집안에서 보수적인 교육을 받으며 자란 아이들인 것입니다.

그런데 스스로 혼전 순결에 대한 신념이 강한 아이는 이런 질문을 하지 않습니다. 신념이 워낙 강해서 내적으로 갈등이 없기 때문에 질문을 할 이유도 없을 수밖에요. 이런 아이들은 그저 혼전 순결을 굳게 지키려 할 뿐이에요.

이런 질문을 했다는 것은 그 아이가 내적으로 갈등을 겪고 있다는 것을 의미합니다. 사귀는 친구가 성관계를 하고 싶어 해서 자신도 마음이 흔들리는 것일 수도 있어요. 자기 자신도 성관계를 하고 싶은 마음이 드는데 종교적 믿음으로 인해 결정을 내리지 못하는 것일 수도 있고요.

이런 질문을 한 아이와 대화를 나누다 보면 이런 말이 나오는 경우가 종종 있어요. "선생님, 너무 힘들어요. 죄책감이 느껴져요." 얼마나 내적 갈등이 심하면 죄책감까지 느낄까요. 이 정도라면 이미 본인의 마음은 혼전 순결을 지키지 않고 싶다는 쪽에 가까이 가 있는 것이지요.

저는 주체성이라는 기준에 따라 판단하라고 대답해 줍니다. 혼전 순결이 좋으냐 나쁘냐, 혼전 순결을 지키느냐 지키지 않느냐는 순전히 개인의 가치관일 뿐입니다. 가장 중요한 것은 종교적인 강요나 남자 친구의 요구가 아니라 나 자신이 어떻게 하고 싶느냐 하는 것이에요. 자신이 진정으로 원하는 대로 판단하고 그 가치관에 동의하는 사람과 사귀면 되는 것입니다.

딸 성교육 48

여자는 남자보다 성욕이 약한가요?

◇ ◇ ◇

많은 사람들이 선천적으로 남성은 성욕이 강하고 그에 비해 여성은 성욕이 약하다고 생각합니다. 그런 믿음에는 과학적 근거까지 뒷받침됩니다. 진화론과 관련된 것인데요, 남성은 되도록 많은 씨를 뿌리려 하다 보니 성욕이 강하고, 여성은 양육에 힘쓰려 하다 보니 성욕이 약하다는 것이지요. 하지만 최근 들어 이런 주장에 반기를 드는 여성들이 늘어나고 있습니다.

생각해 보면 이상하잖아요. 여성이 선천적으로 성욕이 낮다면 왜 그렇게 여성에게만 순결과 정조의 의무를 강요하고 이를 어겼을 때는 가혹한 처벌을 가한 것일까요? 심지어 아프리카에는 할례라는 잔인한 문화까지 있잖아요. 그냥 놓아 두어도 여성은 어차피 성욕이 낮아서 순결과 정조를 지킬 텐데 말이에요.

또한 이런 의문도 듭니다. 애초에 여성의 성욕에만 엄격한 문화에서 태어나 자란 여성이라면 자신의 성욕이 선천적으로 낮은 것인지 후천적으로 낮은 것인지 어떻게 알 수 있을까요? 스스로도 정확하게 판단하기 힘들걸요.

제 생각은 이렇습니다. 그동안 우리 사회가 여성의 성욕과 남성의 성욕에 대해 너무나 다른 잣대를 들이대 왔기 때문에 '여성이 남성보다 성욕이 약하다.'라는 주장은 진위를 가리는 것이 무의미합니다. 실제로 성욕은 여성이냐 남성이냐에 따른 차이보다는 개개인에 따른 차이가 더 큽니다. 세상에는 성욕이 강한 여성, 성욕이 강한 남성, 성욕이 약한 여성, 성욕이 약한 남성이 두루두루 존재하고 있습니다. 저 자신은 여성과 남성 사이에 유의미한 성욕의 차이는 없다고 여기고 있습니다.

이 질문을 한 아이가 주체성이 낮은 아이라면 내심 기존의 통념대로 '남자가 당연히 여자보다 성욕이 더 강하지.'라고 생각하겠지요. 그렇다면 아이의 생각을 바로잡아 주어야 합니다. 반면에 주체성이 높은 아이라면 '그건 편견일 뿐이야. 여자와 남자가 똑같지.'라고 생각할 거예요. 이 아이에게는 계속해서 올바른 주체성을 강화해 나갈 수 있도록 이끌어 주시면 됩니다.

딸 성교육 49

학교에 걸레라고 소문이 났어요

◇ ◇ ◇

이런 질문을 받으면 저는 너무너무 화가 납니다. 그 질문을 한 아이가 아니라, 그렇게 소문을 낸 다른 아이들에게 화가 나는 거예요. 왜 유독 여성만 이런 표현에 시달려야 하는지 정말 안타까운 일입니다.

걸레라는 표현이 어디서 유래했는지는 모르겠습니다만, 이것에는 여성을 비하하는 의미가 담겨 있습니다. 남성은 몇 명의 상대와 연애를 하든 성관계를 하든 걸레라고 불리지 않아요. 그런 남성을 비하하고 배척하는 표현 자체가 없지요. 오히려 능력자로 여겨지기까지 하잖아요. 그런데 여성은 걸레라고 손가락질을 당합니다. 심지어 성폭력 피해자가 그런 소문의 당사자가 되기도 합니다. 걸레라는 표현도 넓게 보아 성폭력의 하나입니다.

안타깝게도, 이것은 질문을 한 그 아이 하나를 붙잡고 상담한다고 해서 해결할 수 있는 문제가 아닙니다. 아이가 속한, 학교라는 거대한 커뮤니티와 연관된 문제이니까요. 아이가 할 수 있는 것이라고는 카톡을 캡처해 놓거나 전화 통화를 녹음하는 정도입니다.

따라서 학교에 빨리 알려 학교가 직접 나서도록 해야 합니다. 학교가 가장 먼저 해야 하는 일은 소문의 출발점을 알아내는 것입니다. 그러자면 여러 아이들을 면담하면서 최초로 소문을 낸 아이를 찾아 거슬러 올라가야 하겠지요. 그래서 문제의 그 아이가 직접 사과하도록 해야 합니다.

더욱 안타까운 점은, 이렇게 할 수 있는 학교 내 시스템이 제대로 마련되어 있지 않다 보니 해당 학교 선생님들이 이러한 문제에 대해 의식을 갖추고 있느냐 아니냐에 따라 학교 측의 대처가 많이 달라진다는 사실입니다. 그래서 저는 아이들뿐 아니라 선생님들도 성교육, 젠더교육이 절실히 필요하다고 생각합니다.

안타까운 점을 또 하나 말씀드릴까요. 그나마 다행히도 학교가 적극적으로 협조해 줘서 최초로 소문을 낸 당사자를 찾아내고 보면 여자아이인 경우가 많습니다. 여성이 같은 여성을 성적으로 비하하는 셈이지요. 그런데 주체성이 높은 아이는 이렇게 여성 혐오적인 표현을 쓰지 않습니다. 그러니까 이 아이는 주체성이 낮은 상태인 것입니다. 결국 이 아이 역시 주체성 훈련을 절실히 필요로 하는 상태라는 점을 어른들이 인식해야 합니다.

딸 성교육 50

제가 성폭력을 당한 건가요?

◇ ◇ ◇

학교에서 성교육이나 관련 상담을 하다 보면 과거에 경험했던 일을 이야기하며 "제가 이런 일이 있었는데, 이런 것도 성폭력인가요?" 하고 묻는 아이들이 있습니다. 어떤 경험인지 물어보면 다양한 경험이 튀어나옵니다. 같은 동네에 살던 오빠라든가 알고 지내던 이웃집 아저씨가 아이의 성기를 만졌다, 또는 자신의 성기를 아이에게 댔다는 경험도 있습니다. 학교 선생님이 아이만 따로 불러 몸을 만졌다는 경험도 있습니다. 가해자 중에는 가까운 가족이나 친척인 경우도 있습니다.

그 당시 아이는 성폭력이라고 미처 생각하지 못하고 넘어갔다고 합니다. 하지만 구체적으로 정의 내리지는 못해도 찜찜한 느낌은 계속 남아 있었겠지요. 그러다가 성교육을 받으면서 뒤늦게 자신의 경험을 성폭력으로 재정의하게 되는 것입니다.

이런 아이들에게 저는 일단은 "용기 내어 말해 줘서 고맙다."라고 말해 줍니다. 그리고 이야기를 더 해 봐서 가급적이면 성폭력 피해자를 위한 심리 치료를 받아 보도록 권합니다. 성폭력이라고 인지하지는 못했다 하더라도 그 일로 인해 대인 기피나 우울증 등 크고 작은 심리적 상처를 겪고 있을 수 있거든요. 일종의 '외상 후 스트레스 장애'라고 할 수 있지요. 또는 성폭력이라는 사실을 뒤늦게 깨닫고 난 후에 자책감, 자괴감 등에 시달릴 수도 있습니다.

경우에 따라서는 가해자에 대한 고발이나 수사까지 필요할 수도 있습니다. 물론 이것은 굉장히 조심스럽게 접근해야 하는 문제입니다. 시간이 오래 지나서 증거물이나 증인이 남아 있지 않을 가능성이 크다 보니, 수사 과정에서 아이에게 더 큰 스트레스를 안겨 줄 우려가 있기 때문입니다. 아이와 부모, 그리고 아동 성폭력 관련 기관의 전문가와 충분히 상의한 다음에 결정해야 합니다.

성폭력에 대해 이어지는 5부에서 자세히 다루고 있으니 함께 읽어 보세요.

◇ 5부 ◇

딸이라서 성폭력 교육이 더 필요하다

딸 부모가 성폭력에 대해 알아야 할 19가지 사실들

미투 운동은 새로운 시대를 여는 문이 될 것입니다.
성폭력에 대한 인식이 강화되고,
피해자는 제 목소리를 낼 수 있게 되고,
성범죄자에 대한 처벌은 강화될 것입니다.
설령 당장 만족스러운 결과가 나오지 않는다 하더라도
큰 방향은 거스를 수 없습니다.

성폭력 교육 1

'미투'가 불러오고 있는 새로운 시대를 맞아

◇ ◇ ◇

딸을 가진 부모님들에게 가장 걱정되는 것이 무엇이냐고 물어보면 성폭력이라고 답하는 분들이 많습니다. 물론 남성도 성폭력의 피해자가 될 수 있습니다. 하지만 아무래도 여성이 훨씬 더 광범위하게 성폭력의 위험에 노출된 채 살아가고 있다는 것은 누구도 부인할 수 없는 사실이지요.

그런 우리 현실에서 2018년은 무척 의미 있는 한 해로 기록될 것입니다. 미투 운동이 시작되었기 때문입니다.

우리 사회에서 성폭력에 대한 문제 제기는 그동안 꾸준히 이루어져 왔습니다. 대표적으로 1992년에 일어난 서울대 신 교수 성희롱 사건(소위 우 조교 사건이라고 알려져 있는데, 가해자 이름을 붙이는 것이 옳습니다)은 성희롱도 범죄로 인식되게 했고, 2008년에 일어난 조두순 사건(처음에는 나영이 사건으로 보도되었지만 가해자 이름을 붙이는 것으로 정정 보도가 되었습니다)은 아동 성범죄자에 대한 형량이 강화되게 했습니다.

이전의 문제 제기가 단발적이었다면 미투 운동은 더욱 집단적인 움직임이며 하나의 거대한 물결입니다. 그만큼 그 영향이 비교도 할 수 없이 클 것입니다. 미투 운동은 그 성격상 이름이 알려진 사람, 높은 지위에 있는 사람에 대한 폭로가 주를 이루고 있습니다만, 이를 계기로 우리는 우리 사회가 얼마나 일상적으로 성폭력에 노출되어 있는가를 비로소 직시하게 되었습니다.

미투 운동은 새로운 시대를 여는 문이 될 것입니다. 성폭력에 대한 인식이 강화되고, 피해자는 제 목소리를 낼 수 있게 되고, 성범죄자에 대한 처벌은 강화될 것입니다. 설령 당장 만족스러운 결과가 나오지 않는다 하더라도 큰 방향은 거스를 수 없습니다.

그래서 성교육에서도 성폭력은 비중 있게 다루어야 할 필요가 있습니다. 이 책에서 성폭력을 따로 분리해 한 장에 걸쳐 다루는 이유입니다. 아이들은 성폭력을 제대로 인지해야 하며, 부모님은 아이들이 그렇게 인지하도록 도와주는 한편 아이가 성폭력에 관계되는 경우에 대비해야 합니다.

앞에서 제가 가장 강조한 개념은 주체성이었지요. 5부에서는 용기를 가장 강조하고 싶습니다. 성폭력은 개인에게 큰 트라우마를 남기는 힘든 경험입니다. 어린 나이에 겪는다면 더욱 그럴 수밖에요. 그렇기에 성교육에서 주체성과 함께 훈련해야 하는 것이 용기입니다. 이 용기란 성폭력을 막는 용기, 성폭력에 항의하는 용기, 성폭력을 극복하는 용기, 그리고 다른 성폭력 피해자를 지지하는 용기를 모두 포괄합니다.

물론 성폭력은 그 자체로 고통스러운 주제입니다. 더구나 우리 아이가 성폭력 피해자가 된다는 것은 상상만으로도 부모님을 힘들게 합니다. 하지만 외면하면 그 고통은 더욱 커집니다. 그렇기에 부모님들이 반드시 이 5부를 주의해서 읽어 주시기를 부탁드립니다.

성폭력 교육 2

성폭력은 부모가 막아 줄 수 있는 문제가 아니에요

◇ ◇ ◇

이제 막 태어난 딸아이의 얼굴을 들여다보다 보면 부모는 절로 이런 생각을 하게 됩니다. '우리 딸, 엄마 아빠가 널 지켜 줄게.' 그 다짐대로 부모님이 딸을 성폭력의 위험으로부터 지켜 줄 수 있다면 얼마나 좋을까요. 하지만 그러는 것은 불가능합니다.

딸을 집 안에만 가둬 두고 유치원에도, 학교에도, 직장에도 가지 못하게 한다면 가능할 수도 있겠습니다만, 그것은 그것대로 학대가 아니겠습니까. 이 정도까지는 아니더라도 부모님들이 아들보다 딸의 생활을 유독 엄격하게 통제하려는 것은 흔히 볼 수 있는 광경입니다. 통금 시간을 정해 놓는다든지, 짧은 치마를 입지 못하게 합니다. 딸이 반발하면 이렇게 말하지요. "다 너를 위해서 그러는 거야. 큰일을 당하면 어쩌려고 그러니." 하지만 거듭 말씀드립니다만, 그런다고 딸을 성폭력으로부터 완벽히 지키는 것은 애초에 불가능합니다.

그만큼 성폭력은 우리 일상생활에 만연해 있습니다. 으슥한 장소를 피한다고 해서, 노출이 심한 옷을 입지 않는다고 해서, 남성의 요구를 거절한다고 해서 성폭력을 예방할 수 있는 것이 아님을 여성들은 이미 경험적으로 알고 있습니다. 여성들은 대낮에 길을 가다가도, 학교에서 수업을 받다가도, 남자 친구와 즐겁게 데이트를 하다가도 불쑥 일상에서 성폭력을 경험하곤 하잖아요. 살아가면서 크든 작든 성폭력을 단 한 번도 경험하지 않은 여성은 없다고 해도 과언이 아닙니다.

더구나 요즘은 불특정 다수를 상대로 한 성폭력도 만연합니다. 소형 카메라가 너무도 작아져서 잡아내기가 쉽지 않아요. 화장실, 모텔, 탈의실, 수영장, 학교, 병원, 사무실, 놀이터, 사우나 등에서 발각되는 이런 카메라의 개수가 1년에 1000개가 넘는다고 해요. 소위 '몰카'라고 하는 것인데요, 몰카보다 불법 촬영, 디지털 성범죄라는 용어를 쓰시기를 권합니다.

그렇다고 성폭력을 예방하기 위한 노력이 전혀 무의미하다는 것은 아닙니다. 이 책에서도 예방법을 다루긴 할 겁니다. 다만 예방법으로 충분하다는 생각은 버리시기 바랍니다. 그런 생각은 결

국 성폭력의 원인을 가해자보다 피해자에게 두는 것이나 마찬가지입니다. "왜 제대로 예방하지 못해서 그런 피해를 당했냐." 하는 식으로 말이지요. 우리에게 진정으로 필요한 것은 피해자 예방이 아니라 가해자 방지입니다. 이에 대해서는 뒤에서 조금 더 자세히 다루겠습니다.

우리 아이가 언제든 성폭력 피해자가 될 수 있다는 사실을 인지하시고 성폭력이 확인되었을 때의 대응법에 대해서도 미리 알아 두셔야 합니다. 그래야 그러한 상황이 닥쳤을 때 아이를 위한 적절한 행동을 취하실 수 있습니다.

성폭력 교육 3

여성이 가해자가 될 수도 있어요

◇ ◇ ◇

성폭력에는 피해자만 있는 것이 아닙니다. 피해자가 있으니 당연히 가해자도 있겠지요. 그렇다면 이런 가능성도 생각해 보셔야 합니다. 우리 아이가 누군가에게 성폭력을 저지르는 가해자가 될 가능성 말입니다.

딸을 키우는 부모님에게 이런 말씀을 드리면, "네? 가해자요? 우리 애는 여자애인데요." 하고 반문하시는 분이 많아요. 성폭력을 남성이 여성에게 가하는 것으로만 한정 지어 생각하시기 때문이겠지요.

예전에는 실제로 법적으로도 그렇게 여겨졌습니다. 그래서 남성에서 여성이 된 트랜스젠더에게 성폭력을 가한 남성의 사건에서 성폭력죄가 아니라 폭력죄가 적용되기도 했습니다. 하지만 2012년부터 법적으로 성폭력 피해자의 범주가 '부녀'에서 '사람'으로 넓어졌습니다.

성폭력은 성별에 따라 그 유형을 네 가지로 나눌 수 있습니다. 남자가 여자에게 가하는 성폭력, 남자가 남자에게 가하는 성폭력, 여자가 남자에게 가하는 성폭력, 여자가 여자에게 가하는 성폭력. 물론 비율상 남자가 여자에게 가하는 것이 가장 많죠. 하지만 여성이 성폭력 가해자가 되는 경우를 무시해서는 안 됩니다. 실제로 점점 여성이 가해자인 성폭력 사건의 신고 비율이 높아지고 있는 추세예요.

성폭력은 일종의 권력 관계에서 발생합니다. 지위가 높은 사람이 지위가 낮은 사람에게, 힘이 강한 사람이 힘이 약한 사람에게 성폭력을 가합니다. 따라서 여성도 가해자의 위치에 놓일 수 있습니다.

30대 여성 교사가 초등학교 6학년 남학생과 수차례 성관계를 가진 사건을 기억하시나요? 일종의 그루밍 성범죄(신뢰와 친밀감을 쌓은 후에 가하는 성범죄)라고 할 수 있는데요, 이 교사는 결국 미성년자 의제 강간 혐의로 구속되었습니다. 피해 아동은 수차례 심리 치료를 받아야 했습니다. 촉망받던 여성 감독이 동료 영화인을 성추행한 사건이 불거진 적도 있었습니다. 그 여성 감독은 결국 영화계를 떠나야 했지요.

제가 상담한 사례 중에는 여성 상사가 직장 내 성추행으로 고소당한 사건이 있었습니다. 이 여성 상사는 친해지고 싶다는 이유로 부하 직원들에게 잦은 신체 접촉을 했다고 합니다. 결국 참다못한 부하 직원들이 집단으로 고소를 했는데, 이 부하 직원들 중에는 여성도 있고 남성도 있었습니다.

여성이 가해자가 되는 좀 더 일반적인 사례는 성폭력 피해자에게 2차 가해를 가하는 것입니다. 2차 가해란 범죄 피해자를 탓하며 외면하거나 모욕을 가하는 것을 말합니다. 지금 이 책을 읽고 있는 여러분이 엄마나 여성이라면 한번 자신을 돌이켜 보세요. 혹시 성폭력 피해자를 보며, "먼저 꼬리를 친 거 아냐? 평소에 친하게 지내던데." "민망하지도 않나 봐. 뭘 잘했다고 저렇게 당당하니." 하고 수군대신 적이 있나요? 별생각 없이 한 말이라도 성폭력 가해자가 더 큰 상처를 주는 2차 가해입니다. 요즘에는 2차 가해도 고소 고발로 이어지는 경우가 늘어나고 있습니다.

아들 부모님도 그렇지만 딸 부모님은 더더욱 자신의 아이가 성폭력 가해자 또는 2차 가해자가 될 수 있다, 범죄자가 될 수 있다 하는 가능성 자체를 인정하지 않으려고 하세요. "우리 애는 절대 그럴 애가 아니에요."라고 흔히들 말씀하시죠. 그런데 아이를 부모가 다 알 수는 없는 거예요. 부모 앞에서는 순하더라도 밖에서는 얼마든지 성폭력 가해자가 될 수 있습니다. 성폭력 가해자를 방지하기 위한 교육은 딸에게도 필수입니다.

성폭력 교육 4

가해자의 흔한 착각이란?

◇ ◇ ◇

저는 종종 법무부나 각 대기업, 공기업의 의뢰를 받아 자문위원의 자격으로 성인 성범죄자, 청소년 성범죄자를 만나서 조사하거나 상담할 기회가 있습니다. 이들은 성폭력 방지 교육을 의무적으로 받아야 하기 때문이지요. 만나 보면 무척 다양합니다. 성희롱, 성추행을 한 경우부터 강간 미수도 있고, 아예 전자 발찌를 차고 있는 사람도 있어요.

"대체 왜 그러셨어요?" 하고 물어보면 이런 식의 대답이 나와요. 여자와 함께 영화를 봤대요. 그런데 그 여자가 잠이 들었어요. 그래서 자기한테 기대더래요. 이건 같이 자자는 뜻이라는 거예요. 또 어떤 사람은 이래요. 여자가 턱받침을 하고서 자기를 쳐

다보더래요. 이건 자기를 유혹하려는 거래요. 같이 자자는 뜻이래요.

최근에 만난 어떤 사람은 이러더라고요. 자기가 교회를 다니기 시작했는데 한 여자가 자기만 보면 환하게 웃으면서, "어머, 교회 오셨네요." 하고 인사를 한대요. 커피도 마시라고 권한대요. 교회를 안 간 날에는 문자를 보낸대요. "왜 안 오셨어요? 다음 주에는 꼭 오세요." 이건 자기를 좋아한다는 신호를 보내는 거래요. 아무래도 스킨십을 바라는 것 같대요. 그래서 제가 이렇게 대답했습니다. "그건 좋아하는 게 아니라 교회에 나오라고 권하는 거예요. 저도 아저씨가 상담 오면 커피 드리고, '상담 있으니까 오세요.' 하고 문자 드리잖아요. 아저씨와 얘기하다가 웃기도 하잖아요. 그럼 저도 아저씨를 좋아하는 건가요?"

이런 이야기를 들으면 어떠세요? 참 황당한 생각을 한다 싶으시죠? 그런데 제가 만난 성범죄자들은 이런 생각을 하는 사람이 대다수였어요. 우리 사회에 성범죄자가 얼마나 많습니까. 법의 처벌을 받지 않고 숨어 있는 성범죄자는 또 얼마나 많습니까. 그렇게나 많은 사람이 타인의 말이나 행동을 자신의 기준에 따라 성적으로 오해, 확대, 재생산하여 환상에 빠지고 급기야 범죄를 저지르는 것입니다.

더 문제는 성범죄까지는 가지 않았더라도 성범죄자의 이런 생각에 심정적으로 동조하는 사람이 많다는 것입니다. '설마 혼자 일방적으로 그렇게 느꼈겠나. 피해자가 뭐든 조금이라도 빌미를 줬으니까 그런 거겠지.' 하는 생각이에요. 정도의 차이만 있을 뿐, 결국 성범죄자와 같은 착각입니다. 또한 피해자에 대한 2차 가해인 셈이고요. 제가 가해자의 착각이라고 표현했습니다만, 실은 우리 사회의 착각인 셈입니다.

성적 동의는 자신의 짐작으로 판단하는 것이 아니라 상대방이 분명히 표현해 줘야 하는 겁니다. 동의를 구하는 질문을 구체적으로 하고 반드시 "YES!"라는 대답이 나와야 성적 행동이 이어질 수 있는 겁니다.

성적 주체성이 있는 여성은 가해자의 이런 착각에 동조하지 않습니다. "내가 뭔가 여지를 준 것은 아닐까?" 하고 혼란스러워하지 않아요. "내가 동의하지 않았으니 이건 성폭력이야." 하고 분명히 판단하지요. 또한 당연히 성범죄자의 심리에 동조하며 피해자에게 2차 가해를 하지도 않습니다. 그래서 딸에게 성적 주체성이 반드시 필요한 것입니다.

성폭력 교육 5

'느낌 훈련'으로 시작하세요

◇ ◇ ◇

처음에 아이에게 성폭력이라는 개념을 설명하기는 참 어렵습니다. 그래서 저는 부모님들에게 느낌 훈련으로 시작하기를 권해드립니다. 느낌 훈련이라는 것은 아이에게 좋은 느낌이 드는지, 나쁜 느낌이 드는지 자꾸 질문하면서 대화하는 것입니다. 그러면서 나쁜 느낌이 들 때에는 어떻게 해야 하는지 방향을 잡아 주는 것입니다.

왜 느낌 훈련이 중요하냐면, 아이들은 상대에 대해 좋은 사람인지 나쁜 사람인지, 그리고 상대의 행동이 좋은 건지 나쁜 건지 잘 구분하지 못해요. 하지만 스스로 어떤 느낌이 드는지는 알죠. 그건 자기 느낌이니까요.

그리고 부모님이 아이의 몸을 만질 때 "엄마가 안아 줄까?" "아빠가 뽀뽀해 줄까?" 하는 식으로 자꾸 물어보는 것, 이것도 역시 느낌 훈련과 연관성이 깊어요. 부모님의 질문에 대해 아이는 지금 자신의 느낌이 어떤지 자꾸 생각해 보게 되니까요.

법정에서 성폭력 사건을 다룰 때에도 피해 아동에게 당시의 느낌을 많이 물어봅니다. 법정까지 가는 일이 생기지 않는다면 좋겠지만, 그래도 이 점을 알아 두실 필요는 있겠지요.

느낌 훈련에 대해 더 구체적으로 말씀드릴게요. 아이들이 많이 보는 대표적인 프로그램이 〈뽀로로〉잖아요. 부모님이 〈뽀로로〉를 같이 보고 나서 물어보세요. "지금 뽀로로가 기분이 좋은 것 같아? 나쁜 것 같아?" "그럼 네 느낌은 어때?" 하고 말이에요. "그래서 뽀로로가 어떻게 했어?" "너는 어떻게 할 것 같아?" "그런 느낌이 들면 이렇게 해 보면 어떨까?" 하는 식으로 계속 대화를 이어 가세요.

이런 대화는 어떤 프로그램을 볼 때든 가능해요. 〈짱구는 못 말려〉를 본다고 해 봅시다. 사실 짱구가 성적으로 무례한 태도를 보이는 에피소드가 종종 등장하잖아요. "짱구가 저렇게 행동하면 가족들이 좋아할까?" "짱구 같은 아이가 좋아하는 사람을 사귈 수 있을까?"라는 식으로 다양하게 대화를 이어 나갈 수 있습니다. 꼭 어린이 프로그램이 아니라 드라마를 보고서도 가능하고, TV 광고를 보고서도 가능하고, 그림책을 보고서도 가능합니다. 가능하면 무언가를 보고서 짧은 시간이라도 이런 대화를 통해 느낌 훈련을 하는 시간을 자주 가지도록 하세요.

이런 질문을 하려면 부모님이 그 맥락을 파악하고 있어야겠죠. 아이 혼자 보게 하고서 부모님은 질문만 하면 안 되고 꼭 같이 보셔야 합니다. 예를 들어 드라마에서 남자 주인공이 여자 주인공을 억지로 포옹했어요. 아이는 그것에 대해 "둘이 좋아서 안았어요."라고 대답할 수도 있거든요. 드라마 속에서도 그런 것으로 그려지고요. 그럴 때 부모님이 그런 행동이 왜 문제인지 설명해 주셔야 합니다. 이때, 전체 드라마의 맥락에서 설명해 주시는 것이 중요해요. 어떤 한 부분의 로맨스에만 갇혀 있지 않고 전반적으로 인물의 느낌, 의사 결정, 자기 주장 등 다양한 맥락에서 부모님과 아이가 체크해 보세요.

성폭력 교육 6

"~하지 마라."는 충분하지 않아요

◇ ◇ ◇

꼭 성교육이 아니라 무언가를 교육할 때 대부분 마찬가지예요. "~하지 마라." 하는 것보다는 "~해라." 하는 식으로 가르치는 게 더 좋습니다. 부정적 모델을 통한 교육보다는 긍정적 모델을 통한 교육이라고 할 수 있겠죠.

소방차 대응 교육에 빗대어 볼게요. 소방차가 지나갈 때 다른 차들이 꽉 막고 있는 모습을 보여 주면서 "이래서는 안 된다." 하는 교육을 생각해 보세요. 반면, 소방차가 지나갈 때 다른 차들이 한쪽으로 비켜나는 모습을 보며 주며 "이렇게 해야 한다." 하는 교육을 생각해 보세요. 어느 쪽이 더 효과적일까요? 후자입니다.

부모님들이 아이에게 "낯선 사람을 따라가지 마라." "위험한 데로 가지 마라." "밤늦게 다니지 마라." 하고 많이 말씀하세요. 하지만 그것보다는 그 상황에서 어떻게 해야 하는지 알려 주시는 것이 좋습니다.

이것도 단순히 "누가 옷 속에 손을 넣으면 소리를 질러라." 하는 정도로는 안 돼요. 그냥 설명만 하시지 말고, 그 상황에서 어떻게 행동해야 하는지 가정에서 연습해 보는 것이 더 효과적입니다. 학교에서 화재 상황을 가정하고 실제와 똑같이 대피 훈련을 하는 것과 비슷하다고 생각하시면 됩니다. 역할 놀이와 비슷하다고도 볼 수 있겠습니다. 일종의 모델링이죠.

엄마 자, 엄마가 어떤 아저씨라고 해 보자. 낯선 아저씨인 거야.

아이 응.

엄마 지금 네가 집에 가고 있는데 낯선 아저씨가 다가온 거야.

아이 응.

엄마 아저씨가 이러네. 너 이 동네 사니? 내가 길을 못 찾겠는데 네가 좀 찾아줄래?

아이 어른한테 도와달라고 하세요.

엄마 아저씨가 지금 급해서 그래. 아저씨 좀 도와줘. (아이 손을 잡는다.)

아이 싫어요! 안 돼요! 이러고 빨리 피해서 도망쳐요.

엄마 잘했어. 그리고 집에 와서는 어떻게 하지?

아이 무슨 일이 있었는지 엄마한테 얘기해요.

엄마 맞아, 잘했어.

아빠 가게에서 마음에 드는 물건이 있으면 계산할 때 어떻게 하지?

아이 주인한테 가서 돈을 내요.

아빠 네가 돈을 내미는데 주인이 이렇게 말하는 거야. 아유, 너 참 귀엽구나. 여기 무릎에 앉아 볼래?

아이 아니요. 싫어요.

아빠 네가 너무 귀여워서 그래. 여기 앉으면 그 물건 공짜로 줄 수도 있는데.

아이 그래도 안 돼요.

아빠 얘, 그러지 말고……. (아이를 안으려 한다.)

아이 싫어요! (빨리 달려 나간다.)

아빠 그래, 그렇게 하면 돼. 잘하네.

예시라서 간략하게 이 정도로만 제시해 드렸는데요, 아이의 반응에 따라 다양하게 전개될 수 있겠죠. 아이가 "어떻게 할지 모르겠는데……."라고 망설인다거나 "무릎에 잠깐만 앉아요."라고 잘못된 답을 할 수도 있어요. 그렇더라도 다그치지 마시고, 차근차근 설명해 주면서 올바른 행동을 유도하고 훈련하게 하세요.

이외에도 아이와 함께 여러 상황을 가정하며 연습해 보세요. 소리를 못 지르는 상황이라면 어떻게 할지, 친구가 같이 있을 때는 어떻게 할지 등등 여러 가지 경우를 가정해 보세요. 아이의 생각도 물어보시면서요.

성폭력 교육 7

낯선 사람을 조심하라?
아는 사람이 더 위험해요

◇ ◇ ◇

성폭력 하면 어떤 경우가 떠오르시나요? 어두울 때 인적이 드문 장소를 지나다가 낯선 사람으로부터 당하는 상황을 많이들 상상하시더군요.

그런 경우도 물론 많지요. 하지만 통계를 보면 의외의 결과가 나옵니다. 성폭력은 가족이라든지 이웃, 친구 등 주변의 아는 사람으로부터 당하는 경우가 훨씬 더 많습니다. 아는 사람이 가하는 성폭력은 나이나 지위로 인해 상대방에 대해 가지게 된 권위를 이용해서 이루어지곤 합니다.

특히 가족 안에서 일어나는 성폭력을 친족 성폭력이라 일컫습니다. 피해자와 가해자가 같은 공간에 거주하고 있거나 자주 대면하다 보니 피해가 일회적이지 않고 지속적으로 일어날 가능성이 그만큼 더 크다는 특징이 있습니다. 어린 시절부터 시작되어 청소년기, 성인이 되어서도 지속되기도 합니다. 그래서 피해자는 가족에 대한 배신감, 복수심, 소외감, 모멸감으로 끊임없이 갈등을 느끼며 생활하게 됩니다. 또 신체적, 심리적, 사회적으로 심각한 후유증과 어려움을 호소하게 됩니다.

'어떻게 가족을 상대로 성폭력을 가할 수 있을까, 그런 사람은 특별한 변태적 성향을 가진 정신 이상자가 아닌가.' 하는 생각이 드시나요? 그런데 이런 가해자들을 살펴보면 회사원, 공무원 같은 일반적인 직업을 가진, 너무나 멀쩡한 사람들인 경우가 많습니다. 고학력자, 중산층도 많습니다. 정신 이상의 문제라기보다는 성적 욕구를 자신의 권위를 이용해 쉽게 해결하려는 잘못된 인식의 문제로 보아야 합니다.

실제로 일어나는 많은 성폭력이 가해자와 피해자의 권력 관계와 연관이 깊습니다. 남성-여성, 연장자-연소자, 상사-부하 직원, 비장애인-장애인, 내국인-이주 노동자 등의 관계에서 누가 누구에게 성폭력을 행하는가를 살펴보면 권력과 성폭력의 관련성을 이해할 수 있습니다.

이렇게 지인이 가하는 성폭력은 누군가에게 털어놓는 것이 더욱더 힘듭니다. 가해자 역시 그런 점을 이용해 "네가 알리면 우리 집안은 파탄 나는 거다."라는 식으로 협박을 가하기도 하고요. 따라서 어떤 경우든 간에 피해자를 믿어 주고 감싸 줄 거라는 확신을 줄 수 있는 사람이 피해자의 곁에 있어야 합니다. 부모님이 그런 존재라는 믿음을 주시고, 부모님이 아니라도 전문 상담사나 관련 단체에 도움을 청할 수 있다는 사실을 미리 가르쳐 주세요. 무조건 부모님에게 털어놓아야 한다고 강조하기보다는 전문가를 찾는 것을 선택할 수도 있다는 점을 아이에게 알려 주시는 편이 좋습니다.

제가 그동안 친족 성폭력 사건도 여러 번 상담해 보았는데요, 오히려 엄마가 딸의 말을 믿어 주지 않고 딸이 거짓말한다며 탓하다가 뒤늦게 후회하시는 경우가 많더군요. 자신의 남편이나 아들이 친족 성폭력을 저질렀다는 사실을 믿기 힘들었기 때문이겠지요. 가정만큼은 지키고 싶은 마음이 크다 보니 딸에게 억지로 화해를 강요하는 잘못된 대처를 하기도 합니다. 피해자를 중심으로 생각해야 한다는 원칙은 친족 성폭력에서도 예외가 되어서는 안 됩니다.

지인에 의한 성폭력을 막기 위해서는, 또는 최대한 빨리 그 사실이 드러나도록 하기 위해서는, 아이가 아무리 가까운 사람이라도 자신의 몸을 함부로 만지는 것에 문제의식을 가지도록 해야 합니다. 가족 사이에서도 스킨십을 할 때 동의를 구하도록 하는 훈련이 그래서 필요한 것입니다. 또한 성교육은 아이 혼자에게만 필요한 것이 아니라 가족 모두에게 필요한 것이라는 인식을 가져야 합니다.

성폭력 교육 8

생존 그 자체가 중요합니다

◇ ◇ ◇

요즘 성폭력 피해자를 '생존자'라고 표현하곤 합니다. 단순히 피해를 입은 수동적인 존재가 아니라 고통을 극복하고 생존해 낸 적극적인 존재라는 뜻을 담은 말이죠.

우리 사회는 '성폭력 피해를 입으면 인생이 완전히 망가지는 거다.'라고 여기는 시각이 팽배합니다. 그런 시각이 오히려 성폭력 피해자들을 더욱 움츠러들게 합니다. 피해자마저 그런 시각에 빠져서 '난 이제 끝이다.' 하고 여기게 되면 더 악순환에 빠지는 것입니다. 물론 성폭력을 경험하면 너무도 고통스럽지요. 하지만 본인이 노력하고 주위에서 적극적으로 지원해 준다면 그 고통을 극복해 내고 정상적으로 생활할 수 있습니다.

그런데 우리 사회는 피해자들이 생존자가 되도록 돕는 데에는 소홀합니다. 아니, 소홀한 정도를 넘어서 오히려 피해자를 탓하게 되는 구조입니다. 아무리 나이가 어린 피해자라고 해도 이런 구도에서 자유롭지 못해요.

대표적인 것이 피해자에게 왜 저항하지 않았느냐고 따지는 것입니다. 그런데 평소 "성폭력을 당할 상황이면 크게 소리쳐서 주변에 외쳐라." 하는 점을 훈련했다 하더라도, 막상 그 상황에 처하면 그렇게 하기가 쉽지 않을 수 있습니다. 순간적으로 머릿속이 하얗게 되기도 하고 두려움에 몸이 굳기도 해서 어른들도 소리 못 지르고 당하는 사례가 너무 많습니다. 또 상황과 상대에 따라서 소리를 질렀다가 더 큰 위험에 처하게 될 수도 있고요. 사실 저 역시 성교육 전문 강사이지만 그 상황에 처했을 때 매뉴얼대로 정확하게 행동할 거라고 장담할 수 없어요.

어른들도 이런데 아이라면 어떻겠어요. 그런데도 우리 사회는 어린 피해자들에게까지 "너 왜 그 상황에서 소리도 안 지르고 가만히 있었니?" 하고 추궁한단 말이죠. 그러면 피해자는 '아, 내가 잘못해서 당한 거구나.' 하고 자책하게 되고 더욱 움츠러들게 될 수밖에 없습니다. 전형적인 2차 피해입니다.

결국 피해자가 생존자로 살아가는 것은 피해자 개개인의 의지가 약하고 강하고의 문제가 아닙니다. 피해자로만 머물러 있고 싶은 피해자는 아무도 없어요. 그런데 사회가 피해자를 너무 강하게 비난하니까 피해자가 움츠러드는 것입니다. 아무리 강한 의지를 가진 피해자라도 사회의 거대한 벽에 부딪혀 좌절하는 모습을 그동안 저는 참 많이도 보았습니다. 그래서 이렇게 표현하고 싶어요. '애초에 피해자를 만든 것은 가해자이지만 피해자를 죽이는 것은 우리 사회다.'라고 말입니다. 말로써 피해자를 죽이거나 죽도록 방치하는 것은 이제 더 이상 일어나지 않도록 막아야 합니다. 그래서 성교육이 중요한 것이겠지요.

저는 성폭력 피해자에게 꼭 이런 이야기를 해 줍니다. "살아 있어서 다행이다. 성폭력을 당할 때 저항을 했다, 못했다, 신고를 했다, 못했다, 가해자를 처벌했다, 못했다 등등 수많은 상황과 변수가 있는데, 그런 것을 다 떠나서 그냥 살아 있는 것 자체가 존귀한 거다. 그게 가장 중요한 거다."라고 말이에요. 성폭력 피해자가 생존자로 살아간다는 것 자체에 박수를 보내 주는 사회가 되었으면 좋겠습니다.

성폭력 교육 9

피해자 예방 교육에서 가해자 방지 교육으로

◇ ◇ ◇

2008년 조두순 사건을 많이들 기억하실 겁니다. 지금이야 조두순 사건이라고 부르는 것이 자연스럽지만 초기에 이 사건은 피해자의 가명을 따라 나영이 사건이라고 불렸습니다. 그러다 피해자의 인권을 보호해야 한다는 문제의식이 제기되면서 조두순 사건이라고 바꿔 부르기 시작했지요. 이것은 우리나라에서 성폭력에 대한 시각이 전환되는 큰 계기가 되었습니다.

이전까지만 해도 피해자가 성폭력을 유발했다는 관점이 여전히 컸습니다. 가해자를 단죄하기는커녕 피해자들에게 꼬리표를 달곤 했습니다. 그러니 피해자들이 신고하는 비율도 미미했습니다. 당연히 가해자들도 이렇다 할 죄의식이나 문제의식을 가지지 않았습니다. 하지만 조두순 사건 이후로 가해자가 성폭력의 책임을 전적으로 져야 한다는 관점이 지지를 받게 되었습니다. 물론 여전히 피해자를 비난하는 시선이 강하지만 그래도 조두순 사건이 하나의 전환점이 된 것은 분명합니다.

이에 따라 가해자 방지 교육의 필요성이 대두되었습니다. 예를 들어, '엘리베이터는 가급적 혼자 타지 마라.' 하는 것은 피해자 예방 교육입니다. 이것을 가해자 방지 교육으로 수정하면, '가급적 아동이나 여성이 혼자 있는 엘리베이터는 불안해하지 않도록 먼저 보낸 후 타라.' 하는 것이 됩니다.

계속 예를 들어 보겠습니다. 밤늦은 길에 여자가 앞에서, 남자는 뒤에서 걸어가고 있는 상황이라고 칩시다. 여성은 혹시나 하는 불안 심리로 인해 빨리 뛰게 되고, 남자는 자신이 이상한 사람도 아닌데 오해를 받았다고 생각하게 됩니다. 이때 서로에게 좋은 방법은, 남자가 골목길을 걸어가다가 앞에서 여자가 걸어가고 있는 것을 발견하면 잠시 멈추었다가 가는 것입니다. 이것을 일명 '거리의 존중'이라고 합니다. 사람과 사람 사이에도 존중하는 거리가 있어야 안전하다는 뜻이지요. 서로 간의 거리에도 존중이 필요한 때이겠지요.

조금 더 범위를 넓혀 보면, 남성 중심의 왜곡된 성문화를 거부하는 것까지 생각해 볼 수 있습니다. 여성을 성적으로 대상화하는 남성 중심 성문화에서는 성적 농담과 포르노, 성매매 등이 남성들의 유희와 쾌락인 동시에 남성성을 획득하고 강화하는 핵심이 됩니다. 이러한 문화는 성폭력에 대한 공포를 확산함으로써 여성의 활동 영역을 제한하고 옷차림과 행동을 규제하는 방식으로 이루어집니다. 기존의 왜곡된 성문화를 문제 삼는 대신 일방적으로 여성에게 몸을 사리도록 강제하는 것입니다.

이렇듯 여성을 도구화하고 지배하는 남성 중심의 왜곡된 성문화는 남성 집단의 공모와 연대로 계속 유지되지요. 하지만 무조건 남성의 각성만 촉구하는 것으로는 충분하지 않습니다. 왜곡된 성문화에 암묵적으로 동조하는 여성, 무관심으로 침묵하는 여성들도 그러한 성문화의 유지에 일조하고 있는 셈이니까요. 여성들이 더욱 목소리를 내야 합니다.

가해자 방지 교육은 이런 문화 자체가 재생산되지 못하도록 하는 적극적인 시민 교육인 셈입니다. 진정으로 성폭력을 예방하기 위해서는 이렇게 사회적인 차원의 노력을 함께 해야 합니다.

여기서 잠깐 제가 CBS 〈세상을 바꾸는 시간, 15분〉에 출연해 이야기한 답변을 소개할게요. 강연 중에 어떤 분이 질문을 해 주셨어요. "요즘 성범죄 판결이 이상한데, 이런 경우를 줄이기 위해서는 무엇이 중요할까요?" 저의 대답을 이러했습니다. "다양한 변수가 있겠지만 일단 가해자를 잘 만나야 됩니다." 무슨 뜻이냐면요, 가해자가 죄를 인정하지 않거나, 피해자의 탓으로 돌리거나, 꽃뱀이라고 비난하거나, 한술 더 떠 무고죄나 명예훼손죄로 역고소를 한다거나 하면 판결이 이상하게 흐를 가능성이 높거든요. 그러니 더더욱 가해자 방지 교육이 중요한 것이 아니겠습니까.

성폭력 교육10

남자아이의 괴롭힘은 좋아한다는 표시라고?

◇ ◇ ◇

어느 엄마가 제게 알려 준 사례입니다. 어느 날 학교에서 연락이 왔어요. 딸이 무릎을 다쳤다는 겁니다. 이 엄마는 놀라서 담임 선생님에게 아이가 어쩌다 다친 것인지 물어봤어요. 담임 선생님이 "짝인 남자애가 밀었어요." 하길래 이 엄마는 "그 애가 왜 밀었어요?" 하고 물었지요. 그랬더니 담임 선생님 대답이, "걔가 좋아하나 봐요."였다는 겁니다.

이 엄마는 딸을 데리고 병원에 갔어요. 간호사가 무릎을 살펴보면서 딸한테 "왜 이렇게 다치게 됐니?"라고 묻자 딸이 "짝이 밀었어요."라고 대답했어요. 그랬더니 이 간호사도, "으이그, 걔가 너 좋아하나 보다."라고 대답하더랍니다.

너무 이상한 논리가 아닙니까. 사람이 다른 사람을 공격해서 다치게 했어요. 그런데 그것을 '좋아하기 때문에 그런 거다.'라고 해석하다니요. 좋아하면 다치게 해도 된다는 건가요? 언제부터 대한민국에서는 남을 다치게 하는 것이 애정의 표현이 되었나요? 이건 가해자에게 면죄부를 주는 것이나 다름없습니다.

좋아하는 것과 괴롭히는 것은 분명히 구분되어야 합니다. 좋아하는 것은 좋아하는 것이고, 괴롭히는 것은 괴롭히는 것이지요. 상대를 좋아한다면 존중과 배려를 해야지, 폭력을 써서는 안 됩니다. 남자아이가 여자아이를 괴롭히는 것이 호감의 표현으로 해석되는 문화는 어른들이 만들어 놓은 거예요. 이렇게 반응하는 어른들을 보며 가해자는 '어? 이렇게 해도 야단을 안 맞네? 폭력을 써도 괜찮구나.'라고 생각하게 되고, 반대로 피해자는 '아, 내가 폭력을 당하는 것은 상대가 나를 좋아하기 때문이구나. 상대를 이해해 줘야 하는구나.'라고 생각하게 되겠지요.

이런 논리를 아이들에게만 적용하는 것도 아니에요. 애인 사이, 부부 사이에도 이런 논리가 통합니다. 그러니 데이트 폭력이며 부부 강간이 만연한 겁니다.

저는 한때 유행한 '나쁜 남자 신드롬'도 이런 잘못된 문화가 만든 것이라고 생각합니다. 나쁜 남자라면 멀리하는 것이 정상이잖아요. 그런데 나쁜 남자라고 명명해 놓고 오히려 환호하다니요.

많은 여성들이 어릴 때부터 자기를 못살게 굴던 남자아이에 대해 '재는 나를 좋아해서 그런 거구나.' 하고 생각하다 보니 커서 폭력적인 성향을 띠는 남자를 보며 '와, 남자답다.' 하고 매력을 느끼는 것 아닙니까. 그래서 나쁜 남자와 헤어지고 나면 또 다른 나쁜 남자를 찾는 경우도 있습니다. 남자가 폭력을 가하면 '저 남자는 나를 진심으로 사랑해서 저러는 거구나.' 하고 오히려 두둔하는 일도 너무 흔하고요. 그러니 자신이 피해자라는 것도 인지하지 못하게 되는 겁니다.

딸아이가 남자아이에게 괴롭힘을 당하면 반드시 남자아이가 직접 딸아이에게 사과하는 자리를 만들도록 하십시오. 그래야 남자아이는 폭력이 잘못된 것이라는 점을 인지하게 되고, 딸아이는 폭력 피해를 입는 것은 사과를 받아야 하는 일이라는 점을 확실히 경험하게 됩니다. 이것은 곧 딸의 주체성을 키워 주는 것이기도 합니다.

이 점을 꼭 분명히 합시다. 어떤 경우든 간에 폭력은 폭력일 뿐이고, 나쁜 남자는 나쁜 남자일 뿐입니다. 나쁜 성교육이 성폭력에 둔감한 주체성 없는 여성을 만듭니다. 그리고 좋은 성교육이 성폭력에 대항하는 주체성 있는 여성을 만듭니다.

성폭력 교육 11

성폭력에 대한 프레임을 전환하세요

◇ ◇ ◇

우리 사회에는 성폭력 문제를 현실보다 가볍게 여기는 경향이 있습니다. 이런 경향을 강화하는 대표적인 프레임들이 있습니다. 프레임 대신 편견 내지 고정관념이라고 표현할 수도 있겠습니다. 이 프레임들을 살펴보시면서 부모님 스스로 마음속에 이런 프레임을 가지고 있지 않은지 점검해 보시면 좋겠습니다.

프레임 1 성폭력은 젊은 여성에게만 일어난다.

젊은 여성이 성적인 매력으로 젊은 남성의 성욕을 자극하여 성폭력을 발생시킨다는 것입니다. 그러나 성폭력 상담소에서 발표

한 실제 사례를 보면 성폭력 피해자는 생후 4개월 아기부터 70세 할머니까지 다양합니다. 통계에 의하면 피해자 중 22.7퍼센트가 만 13세 미만의 어린이입니다. 2.7퍼센트는 남성이고요.

성폭력은 젊은 여성에게만 일어나는 게 아닙니다. 어떤 집단 안에서 약자에 속한 사람은 누구든 성폭력 피해자가 될 수 있습니다. 건장한 젊은 남성이라도 군대 안에서 약자가 되었을 때 성폭력 피해자가 되기도 하는 것입니다.

프레임 2 여성의 야한 옷차림과 행동이 성폭력을 유발한다.

앞서 본 첫 번째 프레임과도 연결된 것인데, 여성의 옷차림과 행동이 성폭력의 원인이 된다는 것입니다. 이런 프레임을 가진 사람들이 나름 여자들을 위한답시고 "짧은 치마 입고 다니지 마라." 하는 충고를 하곤 하지요.

이 프레임 역시 앞서 보여 드린 통계에 따르면 전혀 사실이 아닙니다. 성폭력 피해 어린이에게 "네가 옷차림이 잘못되어서 이렇게 된 거다."라고 할 수 있나요. 직장 내 성폭력은 또 어떻고요. 격식을 중요시하는 정장 차림만 고집하는 대기업, 공공기업에서도 성폭력이 벌어지고 있지 않습니까.

실제로 성폭력 피해자가 야한 옷차림을 하고 있었다고 해도 그

것이 성폭력을 동의한다는 뜻이 되는 것은 전혀 아닙니다. 성적 행동에 대한 동의는 상대의 옷차림을 보고 짐작하는 것이 아니라 구체적으로 "YES."라는 답변을 받아야 하는 것입니다.

프레임 3 여성은 강간당하기를 원하거나 강간을 즐긴다.

여성이 성폭력을 즐긴다는 것은 성폭력을 대하는 가장 비상식적이고 피해자를 괴롭히는 프레임입니다. 성폭력 피해자들이 얼마나 큰 고통을 경험하게 되었는지 털어놓은 숱한 증언들을 무시하는 것이지요. 거기다 아직 어린 성폭력 피해자에게까지 이런 프레임을 들이대는 것은 너무도 잘못된 것입니다.

저는 극단적인 형태의 음란물 때문에 이런 프레임이 강화된다고 생각합니다. 음란물을 보면 강간을 당하는 사람이 처음에는 거부하다가 중간에 태도를 바꿔 오히려 더 좋아하고 더 격렬한 성관계까지 요구하는 모습이 많이 묘사됩니다. 그런 음란물을 반복적으로 보게 되면 음란물 속의 그러한 모습이 현실이라고 받아들이고 왜곡된 관점을 가지게 됩니다.

아동이 등장하는 음란물에 대해서는 문제의식이 강화되어서 단속이 되고 있는데, 이런 식으로 성폭력을 미화하는 음란물도 단속이 필요합니다.

남성의 성욕은 본능적이며 충동적이고 억제할 수 없다는 것입니다. 그러나 남성의 성 충동은 억제할 수 없는 욕구가 아닙니다. 성폭력은 남성의 성 충동 때문에 발생하는 것이 아니라 남성의 공격적인 성 행동을 '남성다운 행동'이라고 묵인하거나 심지어 조장하는 사회적 풍토 때문에 발생합니다. 자신이 가진 힘과 권력을 왜곡된 방식으로 행사하는 것입니다.

더구나 성폭력은 꼭 남성-여성 사이에 일어나는 것만이 아닙니다. 많지는 않지만 여성이 성폭력 가해자가 되는 경우도 분명히 존재합니다.

생각해 보면, 왜 굳이 성폭력에서만 남성의 본능을 그리도 배려해 주는지 의아하지 않습니까. 인간에게는 살인에 대한 본능이 있습니다. 하지만 그것을 억누르고 처벌하는 문화를 만들었지요. 그래서 살인죄를 저지른 사람에 대해 "억제할 수 없는 살인 충동에 의해" 운운하며 두둔하지 않습니다. 그런데 성폭력을 저지른 사람의 본능은 왜 두둔해 주어야 하나요. 결국 잘못된 문화의 문제인 것입니다. 사람은 이성적인 존재입니다.

성범죄 재판에서 '우발적으로', '충동이 일어나', '성 욕구에 이해'라는 표현이 자주 등장하는데요, 최근 여성단체에서는 이를

'의식을 못하여', '욕구를 조절하지 못하여', '상대방의 동의 없이, '이성을 제어하지 못하여' 등으로 개선하고자 하고 있습니다.

프레임 5 여성이 조심하는 것 말고 성폭력을 방지할 수 있는 특별한 방법은 없다.

성폭력을 방지하려면 여성이 조심해야 한다는 것입니다. 한마디로 본인 몸은 본인이 스스로 알아서 지키라는 것이지요. 이것도 역시나 피해자인 여성에게 책임을 돌리는 논리일 뿐입니다.

사실 이미 여성들은 너무도 조심하며 살고 있습니다. 일상적으로 성폭력의 두려움을 항상 느끼며 살아가고 있는 것이지요. 그리고 실제로 많은 여성이 그렇게 조심하고도 성폭력을 경험하고 있고요. 여성에게 조심하라고 요구하는 것은 현실과도 맞지 않고 실효성도 없습니다.

결국 성폭력을 방지하는 것은 가해자를 방지하는 것에 초점이 맞추어져야 합니다. 특히 개별 가해자가 아니라 우리 사회 구조, 우리 문화가 가해자 역할을 하고 있다는 반성이 이루어져야 합니다. 그것만이 성폭력을 방지할 수 있는 가장 효과적이고 근본적인 대책이 될 수 있습니다.

인터넷으로 물건을 산다고 생각해 보세요. A라는 물건에 대해 결제를 했어요. 그런데 물건을 받아 보니 좀 이상해요. 알고 봤더니 A가 아니라 B라는 물건이에요. 판매자가 A라는 물건을 파는 양 나를 속인 것이지요. 이런 경우에 나는 물건을 사는 데 동의했으니까 가만히 있어야 하는 것일까요? 그렇다고 대답할 사람은 아무도 없을걸요.

그런데 성폭력 사건에서는 이와 비슷한 일이 왕왕 일어납니다. 아이스크림을 사 준다고 해서 따라갔는데, 길을 가르쳐 달라고 해서 같이 갔는데, 물건을 들어 달라고 해서 집 안으로 들어갔는데, 업무상 꼭 필요하다고 해서 같이 세미나를 갔는데…… 그 결과로 성폭력을 당하는 겁니다. 이때 많은 피해자가 자신이 바보같이 동의를 했다며 자책합니다. 다른 사람들도 피해자가 단호하게 거부했어야 했다고 탓합니다.

하지만 정확하게 성관계 그 자체에 동의한 것이 아니라면 그 어떤 동의도 그 성관계를 정당한 것으로 만들어 주지 않습니다. 그것은 명백하게 성폭력입니다. A라는 물건을 사는 데 동의했다고 해서 B라는 물건을 받은 것에 책임을 질 이유가 없듯이 말입니다. 같은 논리입니다.

성관계에 동의했다고 하더라도 무조건 성관계가 정당화되는 것도 아닙니다. 성관계가 시작되기 전에 마음을 바꿔 거부한다면, 또는 성관계 도중에라도 성관계를 멈추기를 요구한다면 그 이전의 동의는 무효가 됩니다. '이전에 동의했으니까 괜찮은 거다.'라는 것은 가해자의 논리일 뿐입니다. 동의 전보다 동의 후가 더 중요합니다.

프레임 7 성폭력 피해자는 피해자다운 특성을 보인다.

성폭력 피해자라면 이러이러해야 마땅하다 하는 식의 통념이 있습니다. 피해자는 피해를 당하자마자 신고한다, 가해자를 피하려고 한다, 정상적 생활을 하지 못한다, 소극적이고 움츠러든다 등등 다양합니다. 이러한 통념의 문제점은 그 유형에 맞지 않으면 피해자를 피해자로서 인정하지 않으려고 한다는 것입니다.

기존의 통념과 일치하는 모습을 보이는 피해자들도 많습니다. 그런가 하면 일치하지 않는 모습을 보이는 피해자들도 너무나 많습니다. 이것은 너무도 당연한 일입니다. 피해자는 자신을 둘러싼 상황, 가해자 및 주변 사람들과의 관계, 평소 자신의 성격, 당시 사회 분위기 등 여러 가지를 종합적으로 고려해 자신의 행동을 결정하기 때문입니다. 그렇기 때문에 피해자가 보이는 행동은 단일하지 않고 사람에 따라 다양할 수밖에 없습니다.

자신이 성폭력을 당했다는 사실 자체를 인정하고 싶지 않아 신고를 미룰 수도 있습니다. 직장 안에서 직위를 잃지 않기 위해 가해자에게 친근한 태도를 보일 수도 있습니다. 남들이 보기에는 평소 생활하던 모습과 전혀 달라진 것이 없을 수도 있습니다.

누군가는 이렇게 묻습니다. 피해자가 그렇게 피해자답지 않은 모습을 보인다면 어떻게 피해자라고 판단할 수 있느냐고 말이지요. 심지어 법정에서도 이런 논리가 통합니다. 이런 논리는 피해자에게 책임을 지우는 것이나 마찬가지입니다.

피해자를 피해자로 만든 것은 가해자입니다. 피해자가 어떤 행동을 보이건 성폭력 피해를 입었다면 피해자인 것입니다. 피해자에게 '피해자다움'을 따지는 것은 이제 멈추어야 합니다.

프레임 8 가해자를 법적으로 처벌하지 못하면 피해자가 오히려 손해다.

제가 CBS 〈세상을 바꾸는 시간, 15분〉에 출연했을 때 한 이야기를 하나 더 말씀드리겠습니다. 새아빠로부터 2, 3년 동안 성폭행을 당한 초등학교 5학년 아이가 있었습니다. 신고는 되었는데 아이의 진술 내용이 문제가 되었어요. 관계 형성이 잘된 상담사에게 한 진술과 관계 형성이 잘되지 않은 상담사에게 한 진술이 서로 달랐거든요. 진술의 일관성 부족으로 인해 새아빠는 무죄 판결을 받았습니다. 피해자인 아이는 무엇보다도 '거짓말쟁이'라는 꼬리표가 붙은 것이 무척 힘들었다고 하더군요.

그래도 다행히 그 후 2년 동안 꾸준히 상담을 받은 아이는 많이 강해졌습니다. 심리적 근육이 붙었달까요. 아이는 오랜만에 가해자를 대면하게 되었는데 가해자를 보고 깨달았다고 해요. "왜 고개를 숙이고 있어. 나를 왜 못 봐. 내가 알려 줄까. 법적으로는 네가 이겼지만, 현실에는 내가 이겼어. 현실에서는 이제 나를 만지지 못하니까 내가 이겼다고. 썩 꺼져!"

성폭력 피해자에게는 수사와 재판의 지난한 과정이 무척 힘듭니다. 그래서 저 자신도 이에 대한 딜레마가 있었지요. 하지만 이 아이를 만나고서 재판의 유죄 결과도 중요하지만, 신고를 통해 피해자를 가해자로부터 분리되게 하고 추가적인 피해를 막는 것 자체도 그에 못지않게 중요하다는 사실을 알게 되었습니다. 힘들다고 피하기보다는 그래도 용기를 내어 적극적으로 신고를 하기를 권합니다. 그것이 장기적으로 보았을 때 피해자를 위한 것입니다.

성폭력 교육 12

성폭력 지수 알아보기

◇ ◇ ◇

성폭력을 일부 사람들의 일탈적인 행동으로만 치부해서는 안 됩니다. 기존의 왜곡된 젠더 문화 속에서 살아가는 우리 모두는 성폭력의 가해자이자 피해자일 수 있습니다. 우리는 우리 자신도 모르는 사이에 일상 속에서 성폭력을 용인하고 피해자를 탓하고 있는지도 모릅니다. 따라서 우리는 이 왜곡된 구도를 먼저 직시해야 합니다.

다음은 성폭력 지수를 알아보는 문항입니다. 이 질문들은 자신도 모르게 가지고 있을 성폭력 발생 가능성을 측정해 보는 것입니다. 솔직하게 평소 생각대로 답하시면 됩니다. 원래는 남성을 상대로 작성된 문항이지만 여성인 독자분도 참여해 보세요. 딸과 함께 작성해 본 다음 이야기를 나누어 보는 것도 좋습니다.

성폭력 지수 알아보기

항목	질문	O	X
1	남성이 아내, 애인 등에게는 배려하고자 하나 보통의 여성들에게는 그럴 필요를 많이 못 느끼는 것이 당연하다.		
2	괜찮은 남자란 여성을 보호하고 챙겨 주는 남자다.		
3	화가 나거나 괴롭고 힘들 때, 이러한 감정을 말로 표현하기 힘들다.		
4	노출이 심한 옷을 입는 여자는 성관계에 대해서도 개방적이다.		
5	성관계에서 남자가 리드해야 한다.		
6	키스나 성적인 접촉을 하기 전에 상대에게 동의 여부를 직접 물어보는 것은 창피하고 무드를 깨는 행위다.		
7	성폭력은 피해자에게도 일정 정도 책임이 있다.		
8	밤에 여관이나 집에 따라왔다는 것은 사실 섹스를 동의한다는 의미로 이해된다.		
9	성 경험이 많음을 자랑하는 친구를 보면서 부러움을 느낀 적이 있다.		
10	섹스에 적극적으로 의사를 표현하는 여성은 솔직히 성관계 경험이 많은 것이다.		
11	여자들은 은근히 터프하고 거친 남자에게 매력을 느낀다.		
12	사귀고 싶은 여성이 싫다고 말한다 해도, 남성이 꾸준히 애정을 전달함으로써 사랑을 얻어 내는 것도 낭만이고 순정이다.		

항목	질문	O	×
13	이성을 잘 이해할 수 없다. 이성과 소통하는 데 어려움을 많이 느낀다.		
14	화가 났을 때 화가 난 대상에게 이를 직접 표현하고 설명하지 못하고, 다른 대상에게 짜증을 내거나 화풀이를 할 때가 있다.		
15	남성에게는 자신보다 남성을 더 배려하고, 남성의 말을 믿고 따라와 주고, 남성을 존경해 주는 여성이 좋다.		

점수 각 문항당 1점씩 가산하시면 됩니다.

15~7점 빨간 신호등! 주변의 감정에 귀 기울여 주세요. 그리고 자신의 감정을 적절하게 표현하기 위해 노력해 주세요.

6~3점 노란 신호등! 폭력에 반대하고 평등하고자 하는 당신, 그러나 주변의 관계와 감정들을 돌아보는 노력이 좀 더 필요합니다.

1~2점 초록 신호등! 당신은 건강한 성 관념을 가지고 있군요. 당신의 의미 있는 경험과 긍정적인 느낌들을 주변 사람들에게도 알려 주세요.

성폭력 교육 13

아이가 성폭력을 당했을 때 보이는 증상들은?

◇ ◇ ◇

부모님들은 우리 아이도 언제든 성폭력 피해자가 될 수 있다는 사실을 생각해 두셔야 해요. 부모님이 아무리 아이를 보호한다고 해도 아이를 성폭력으로부터 완전히 보호할 수는 없어요.

성폭력을 당했을 때 아이가 곧장 부모님에게 이야기하면 좋겠지만, 아이가 그러지 못할 수도 있습니다. 자신이 당한 것이 무엇인지 정확히 인지하지 못해서일 수도 있고, 가해자가 잘 아는 사람일 경우 그 사람과의 관계가 틀어질까 봐 걱정해서일 수도 있고, 부모님이 화를 낼까 봐 걱정해서일 수도 있습니다.

물론 어릴 때부터 성적 주체성을 기르도록 잘 교육받은 아이라면 부모님에게 바로 이야기할 가능성이 높겠죠. 하지만 아이는 꼭 교육받은 대로만, 부모님이 예상한 대로만 행동하지는 않는다는 것을 부모님 스스로 잘 아실 겁니다.

그래서 부모님이 평소 아이를 잘 관찰하실 필요가 있습니다. 성폭력을 당한 아이는 꼭 말을 하지 않아도 몸으로 마음으로 여러 증상을 보일 수 있습니다. 부모님이 그 증상을 잘 포착하셔야 합니다.

신체적 증상으로는 성기나 항문에 있는 상처입니다. 상처가 눈에 확 드러나지는 않더라도, 아이가 몸을 씻을 때 불편해하거나 아파한다면 잘 관찰해 보세요. 입의 상처도 적당히 지나쳐서는 안 됩니다. 가해자가 아이에게 강제로 키스하거나 구강성교를 강요하는 과정에서 입에 상처를 입힐 수 있거든요. 특히 이 경우에는 구토를 할 수 있으니 살펴봐 주셔야 합니다.

심리적 증상으로는 아이가 성적인 행동이나 표현을 하는 것입니다. 예를 들어, 인형을 상대로 성관계 흉내를 내거나, 성기에서 정액이 나오는 모습을 그릴 수 있습니다. '아이가 성교육을 받아서 그러나 보다.' 하고 생각하실 수도 있는데 성교육에서는 이렇게 구체적인 행동을 알려 주지 않습니다.

또한 아이가 갑작스레 불안 행동을 보인다거나 우울 증세를 보일 수 있습니다. 이유 없이 짜증을 부린다거나 친구와 싸우기도 하고, 웃어야 할 때 울기도 하며, 미취학 아동이라면 오줌을 싸고 손가락을 빠는 퇴행 행동을 보이기도 합니다. 불면증, 대인 기피, 식욕 감퇴 등 우울증으로 의심할 수 있는 모습이 나타나는 경우도 많습니다.

성폭력 피해 증상이 의심되더라도 아이를 다그치지는 마세요. 화들짝 놀라거나 당황스러워하지도 마세요. 지금 누구보다도 아이 본인이 가장 불안정한 상태라는 점을 염두에 두시고 침착하게 대화를 나누셔야 합니다.

주의하셔야 할 점이 또 있습니다. 「성폭력 교육 11 - 성폭력에 대한 프레임을 전환하세요」에서 말씀드렸듯이, 피해자다운 행동이 딱 정해져 있는 것이 아닙니다. 아이가 성폭력을 당하고서도 어떤 증상도 보이지 않을 수도 있어요. 그러니 성폭력 피해 사실을 부모님이 뒤늦게 알게 되었을 때 아이에게 왜 진작 티를 내지 않았느냐고 탓하시면 안 됩니다. 그것은 아이에게 '피해자다움'을 강요하는 2차 가해가 될 수 있습니다.

성폭력 교육 14

아이가 성폭력 피해를 입었다면?

◇ ◇ ◇

아이가 성폭력 피해를 입었다는 것을 알게 되었을 때 많은 부모님이 일단 "아이의 말이 사실일까?" 하고 반응하십니다. 왜냐하면 자신의 아이에게 그런 일이 일어났다고 믿고 싶지 않으니까요. 특히 가해자가 가족이나 친척이면 더욱 수용하기 힘들어 하죠. 하지만 그럴수록 아이의 말을 믿어 주셔야 합니다. 아이를 탓하는 것은 더욱 금물입니다.

<아이에게 해 주어야 하는 말>

엄마 아빠는 너를 믿어.

너 때문에 일어난 일이 아니란다.

네가 나쁜 애라서 생긴 일이 아니란다.

큰일 날 뻔했구나. 그만하니 참으로 다행이다.

다른 아이였더라도 마찬가지였을 거야. 그 상황에서는 어떻게 할 수 없었겠구나.

거기만 아픈 거지 온몸이 다 잘못된 것은 아니란다.

네가 화가 나는 건 당연해.

<아이에게 해서는 안 되는 말>

그게 정말이니? 거짓말 아니니?

내가 반드시 복수하고 말 거야.

거기를 왜 갔니?

그 친구랑 놀지 말라고 그랬지?

좀 더 조심하지 그랬니?

내가 그런 사람을 조심하라고 그랬잖니?

아무나 따라가지 말라고 했잖니?

왜 진작 말하지 않았니?

그 얘기는 그만하자.

지금은 그만하고 나중에 말하자.

-서울해바라기센터(아동형)

부모님이 아이의 성폭력 피해를 인지했을 때는 즉시 1366, 112에 신고하세요. 그리고 가까운 해바라기센터를 방문해 성폭력 증거를 채취하고 의료적 지원을 받으세요. 해바라기센터는 성폭력 피해자, 성매매 피해자, 가정 폭력 피해자를 위해 만들어진 기구로, 전국 곳곳에 위치해 있습니다. 24시간 의료적 지원은 물론이고 법적 지원까지 맡고 있습니다. 아직 신고하기가 망설여지신다면 전국의 성폭력상담소나 여성 긴급 전화에 연락해 상담을 받아 보세요. 성폭력상담소와 여성 긴급 전화, 그리고 전국 해바라기센터의 연락처는 책 맨 뒤에 정리해 놓았습니다.

또한 빠른 시간 안에 해야 할 일은 아이에게 질문을 해서 사실관계를 확인하는 것입니다. 가급적 이 과정을 녹음이나 영상으로 남겨 두시면 더욱 좋습니다. 이것은 향후에 있을 피해자 처벌과 법정 공방까지도 염두에 둔 것입니다.

이때 반드시 주의하셔야 할 점이 있어요. "그 아저씨가 그런 거지?" "아저씨 집이었지?" 하는 식의 유도 질문은 안 됩니다. 이런 질문은 부모님이 원하는 대답이 나오도록 몰아간 것으로 해석되어서 나중에 법적으로도 불리하게 작용할 가능성이 크거든요. "누가 그랬어?" "거기가 어디였어?" "몇 시쯤이었어?" "어디를 만졌어?" 하는 식으로 '열린 질문'을 건네야 합니다. 특정인, 특정 시간, 특정 장소를 부모님이 먼저 언급하지 않고 아이가 생각해서 대답하게 해야 하는 겁니다. 그래서 아이가 대답을 하면 좀 더 자세하게 계속 질문을 하고요. "그 아저씨는 어떤 옷 입고 있었어? 기억나니?" "아, 파란색 바지라고? 어떤 파란색이었니? 청바지 색깔 같은 파란색?" 하는 식으로 질문을 확장해 나가면서 아이가 대답하게 하시면 됩니다.

물론 아이를 다그치는 식으로 질문하시는 것도 안 됩니다. 지금 아이는 정서적으로 굉장히 혼란스럽고 불안한 상태에 있다는 점을 염두에 두고 아이를 안심시키면서 차근차근 질문하셔야 합니다. 질문을 마친 다음에는 "힘들었을 텐데 말해 줘서 고마워."라고 다독여 주시는 것도 잊지 마시고요.

부모님이 이런 질문을 잘 못하겠다 싶으실 수도 있어요. 이런 상황이 되면 부모님 자신도 당황스럽고 너무 화가 나니까요. 그렇다면 너무 무리하게 하지 마세요. 그럴 때에는 전문가를 찾으시면 됩니다. 이것 역시 해바라기센터의 도움을 받으시면 됩니다. 거주하시는 곳에서 가까운 해바라기센터를 찾으시면 전문가가 아이에게 질문하면서 녹취와 녹화를 해 줄 겁니다.

질문하는 것만큼이나 중요한 것이 증거가 될 만한 물품들을 확보하는 것입니다. 아이가 입고 있었던 옷, 가해자의 지문이나 타액이 묻었을 만한 장난감 등을 모두 챙겨서 해바라기센터로 가져가세요. 24시간 안에 가져가면 가장 좋고, 가급적이면 72시간을 넘기지 않도록 유의하세요. 요즘은 수사 기술이 발달해서 예전보다는 시간이 많이 지났더라도 지문이나 타액을 확인할 수 있는 가능성이 커졌지만, 그래도 빠르면 빠를수록 그 정확도가 올라갑니다. 아이의 몸에서도 가해자의 지문이나 타액이 나올 수 있으니 아이를 씻기지 말고 데려가세요.

그리고 CCTV를 확인하세요. 요즘은 워낙 곳곳에 CCTV가 많습니다. 그런데 녹화 영상의 보관 시간이 그리 길지 않다는 것이 문제입니다. 한 달 내지 두 달이면 삭제하는 곳이 많거든요. 그래서 최대한 서둘러서 CCTV 영상 확보를 요청하셔야 합니다.

당장 이사를 가려 하는 부모님들도 있는데 이것은 신중히 결정해야 하는 부분입니다. 특히 동네 사람에게 피해를 입은 경우 이곳을 떠나고 싶겠지만, 그러면 아이에게는 성폭력이 자신의 잘못인 것처럼 느껴지기도 합니다. 그러므로 아이와 충분히 상의한 후 결정을 내려야 합니다.

성폭력 교육 15

수사와 재판을 준비할 때는?

◇ ◇ ◇

법정까지 갈 것을 감안하면 변호사를 선임해야 합니다. 변호사라 하면 비용이 너무 많이 드는 것이 아닌가 걱정하시는데, 아동성범죄의 경우에는 해바라기 센터를 통해 국선 변호사의 도움을 무료로 받을 수 있습니다. 법적인 부분은 일반인 입장에서는 애매하고 헷갈리는 점이 많기 때문에 꼭 변호사의 도움을 받으시는 것이 좋습니다.

네이버나 다음에서 검색해 보시면 한국성폭력위기센터에서 발표하는 '성폭력 걸림돌' '성폭력 디딤돌' 리스트를 찾으실 수 있습니다. 성폭력 디딤돌 리스트는 수사 및 재판 과정에서 성폭력 피해자의 인권을 위해 노력한 분들의 리스트이고, 성폭력 걸림돌 리스트는 반대로 2차 피해를 야기한 분들의 리스트입니다.

일반인들이 잘 모르는 사실이 있어요. 경찰, 검사, 판사에 대해 기피 신청을 할 수 있다는 것입니다. 기피 신청을 하면 다른 담당자로 바꿀 수도 있어요. 그러니 우리 아이를 담당하는 경찰, 검사, 판사가 성폭력 걸림돌 리스트에 있으면 기피 신청을 하셔도 됩니다. 이런 사람들이 하는 수사나 재판은 성폭력 피해자에게 불리하게 돌아가는 것은 물론이고 오히려 피해자에게 더 큰 상처를 남깁니다.

부모님이 사건을 빨리 마무리 짓기 위해 가해자로부터 합의금을 받고 넘어가는 경우도 왕왕 있더군요. 그런 부모님을 보며 아이는 어떤 기분일까요. 과연 부모님이 자신의 편이라고 생각할 수 있을까요. 아이의 고통은 여전한데 돈으로 해결하고 넘어가려는 것은 옳지 않습니다. 아이에게는 성폭력보다도 이 사실이 더 큰 상처로 남을 수 있습니다. 이런저런 상황상 어쩔 수 없이 합의금을 받았다면 적어도 그 돈을 아이의 심리 치료를 위해 쓰시면 좋겠습니다.

합의금에 대한 사회 시스템도 변해야 합니다. 합의금을 받았다는 이유로 피해자가 소위 꽃뱀으로 몰리기도 하지요. 선진국에는 가해자가 피해자와 직접 합의하여 돈을 지불하기보다는 국가 기관이 피해 정도를 측정해 피해자에게 지원금을 주는 제도가 있습니다. 우리 사회도 이런 방식의 도입을 적극적으로 고민해 보아야 합니다.

사실 성폭력 사건은 피해 자체도 큰 상처이지만 그 이후의 과정이 더욱 큰 상처가 될 수 있습니다. 안타깝지만 수사 과정에서 2차 피해가 자주 일어나는 것이 현실입니다. 따라서 이 과정에서 아이가 더 상처 받지 않도록 부모님이 "네 탓이 아니다."라는 점을 자주 이야기해 주세요. 또한 "용기를 내서 말해 줘서 고마워."라는 칭찬도 자주 해 주세요.

그래도 다행인 점은, 미투 운동 이후에 성폭력 사건을 대하는 검사와 판사들의 태도가 이전과 달라졌다는 것입니다. 제가 직접 재판 현장을 보고서 느낀 사실입니다. 세상은 조금씩 바뀌고 있습니다.

성폭력 교육 16

아이에게도 부모에게도 심리 치료가 필요합니다

◇ ◇ ◇

부모님이 가장 걱정하시는 부분은 성폭력으로 인해 아이가 보이는 불안 반응이 얼마나 오래 지속될까, 성폭력이 아이를 평생토록 힘들게 하면 어떡하나 하는 점일 거예요. 하지만 성폭력 피해는 치유될 수 있습니다. 적절한 심리 치료는 아이의 후유증을 최소화하고 '생존자'로서 정상적으로 살아갈 수 있도록 해 줍니다.

앞에서 말씀드린 해바라기센터에서 아이의 심리 치료도 지원해 줍니다. 초등학교 저학년 이하의 아이에게는 놀이 치료, 초등학교 고학년 이상의 아이에게는 상담 치료가 주로 이루어집니다. 비슷한 경험을 가진 또래 아이 여러 명과 함께 집단치료가 이루어지기도 합니다. 우울 증세를 심하게 보일 때에는 약물 치료가

병행되는 경우도 있습니다.

아이에게 어떤 종류의 심리 치료 프로그램이 필요한지는 센터에서 실시하는 심리 평가와 전문가와의 상담을 통해 결정됩니다. 어떤 심리 치료를 받든 그 과정에서 부모님의 인내와 지지가 필요합니다.

저는 부모님 역시 심리 치료를 받으시라고 권하고 싶습니다. 아이의 심리 치료에 동참하라는 것이 아니라 성폭력 피해 아동의 부모님을 대상으로 하는 심리 치료 프로그램을 따로 받으시라는 것입니다.

아이가 성폭력 피해를 입었을 때 죄책감에 빠지는 부모님들도 많습니다. "애를 더 잘 챙겼다면." "애를 거기 보내지 말걸." "그때 애를 혼자 두지 않았어야 했는데." "엄마인 내가 더 빨리 눈치채지 못하다니." 하고 스스로를 탓하지요. 하지만 성폭력이 아이의 잘못이 아니듯 부모님의 잘못도 아닙니다. 성폭력은 엄연히 가해자가 잘못해서 일어난 일입니다.

성폭력 후유증으로 힘들어하는 아이의 모습을 매일 대하다 보니 부모님 스스로 스트레스에 시달리고 심하면 우울증에 빠지기도 합니다. 하지만 아이를 위해서라도 부모님이 힘을 내고 중심을 잡으셔야 합니다. 부모님의 감정은 아이에게 그대로 전달되기 마련입니다. 스트레스가 혼자 감당하기 어려울 정도라면 반드시 부모님도 심리 치료를 받으십시오.

역시 해바라기센터와 각 지역의 성폭력상담소를 이용하시면 됩니다. 해바라기센터에서는 부모님을 위한 심리 치료 프로그램도 운영하고 있습니다. 해바라기센터를 통해 같은 상황의 다른 부모님들과 모임을 가지시는 것도 도움이 될 겁니다.

심리 치료를 몇 주, 몇 달 만에 금방 중단하는 사례가 무척 많습니다. 하지만 성폭력 후유증은 잠재되어 있다가 뒤늦게 나타날 수도 있습니다. 지금 당장 괜찮아 보인다고 심리 치료를 멈추었다가 몇 년이 흘러, 혹은 성인이 된 후에 후유증이 나타나는 사례가 많지요. 유아일 때 겪은 성폭력을 기억하지도 못하고 있던 아이가 사춘기가 되어 생리를 시작할 때 이상 행동을 보이는 경우, 남자 친구에게 유난히 집착하거나 반대로 남성에 대한 지나친 혐오감을 느끼는 경우, 결혼하고서 딸을 낳았을 때 딸을 유독 심하게 통제하는 경우 등 다양한 후유증이 있지요. 그러니 아이도 부모님도 장기적으로 바라보고 심리 치료를 진행하셔야 합니다.

성폭력 교육17

젠더 폭력도 성폭력이에요

◇ ◇ ◇

제가 앞에서 성교육은 젠더교육으로 범위를 넓혀야 한다고 말씀드렸지요. 같은 맥락에서, 성폭력을 넘어 이제는 젠더 폭력에 주목해야 할 필요가 있습니다. 물론 아직 성폭력 문제도 미투 운동을 통해서야 대대적인 주목을 받고 있는 상황에서 젠더 폭력까지 가는 것은 시기상조가 아니냐 하는 의견도 있더군요. 하지만 저는 성폭력은 결국 젠더 폭력으로 시작되는 것이므로 젠더 폭력에 대해서도 함께 이야기해야 한다고 생각합니다.

성폭력이 상대의 의사에 반하는 성적 행동을 가하는 것이라면, 젠더 폭력은 젠더에 의한 차별과 불평등을 모두 아우릅니다.

저 자신을 예로 들어 볼게요. 제가 처음부터 성교육 강사였던 것이 아닙니다. 예전에 대기업에서 8년 동안 일했습니다. 그러다 잘렸어요. 왜냐고요? 결혼을 했기 때문이에요. 결혼한 여자는 더 이상 여기서 일할 수 없다며 나가라고 하더군요. 남자도 결혼했다고 잘렸을까요? 아니죠. 남자는 결혼하면 더 열심히 일하라고 덕담을 들었습니다. 이런 것도 젠더 폭력입니다.

요즘은 이 정도까지는 아니죠. 대놓고 결혼했으니 나가라는 회사는 많이 사라졌습니다. 그런데 우리나라 여자들이 아이를 기르다 보면 많이들 회사에서 나갑니다. 왜 그런 줄 잘 아실 거예요. 가사 노동과 양육의 대부분을 여자가 맡다 보니 지쳐서 포기하게 되는 겁니다. 노골적으로 나가라는 것이 아니라고 젠더 폭력이 아닐까요? 이렇게 여자에게 일방적인 부담을 지우는 것 역시 젠더 폭력입니다.

젠더 폭력은 여자만 희생양으로 삼느냐, 절대 그렇지 않습니다. 남자들도 남자라는 이유로 힘든 상황들이 있어요. 아들에게 이런 말을 하는 부모님들이 많아요. "울지 마. 남자애가 왜 우니? 남자는 우는 거 아냐. 남자는 씩씩해야 해." 지금 이 아이는 남자라는 이유로 위로는커녕 감정을 차단하라는 요구를 받고 있는 거예요. 정말 부당한 일이 아닙니까. 이런 것도 당연히 젠더 폭력에 포함됩니다. "너는 여자애니까" "너는 남자애니까" 이런 표현들이 모두 젠더 폭력입니다.

성인이 되어서도 소위 여성적인 면을 많이 가지고 있는 남자는 젠더 폭력의 대상이 되는 경우가 상당히 많습니다. 사회가 요구하는 남성성을 제대로 갖추지 않은 남자로 인식되기 때문입니다.

지금 정부에서는 젠더폭력방지법을 준비하고 있습니다. 그런 만큼 젠더 폭력은 더욱 이슈가 되어야 합니다. 전에 모 야당 대표가 "젠더 폭력? 트랜스젠더는 들어봤는데."라고 했다가 정치인이 그런 것도 모르냐 하고 망신살이 뻗친 일이 있었죠. 지금 이 책을 읽는 분들 중에도 젠더 폭력이라는 말이 생소하게 느껴지신다면 그 개념을 꼭 기억해 주세요.

물론 젠더폭력방지법은 어디까지나 법인 만큼 그 대상이 되는 행위의 범위가 아주 넓지는 않을 거예요. 부모님이 "남자애는 그러면 안 돼." 하는 것까지 처벌하지는 않는다는 것이죠. 하지만 그래도 젠더폭력방지법의 제정이 젠더 폭력에 대한 경각심을 일깨워 주는 중요한 계기가 될 것으로 기대합니다.

젠더 폭력은 일상적으로 광범위하게 일어나고 있습니다. 그러다 보니까 문제를 제기하는 사람이 오히려 지나치게 예민한 사람으로 취급되기도 합니다. "네가 너무 예민하니까 주위에서 불편해하잖아." 하는 식으로 말이에요. 하지만 그런 예민함은 우리가 더 개발해야 하는 능력입니다. 저는 우리 모두가 조금 더 예민해졌으면 좋겠습니다. 예민한 사람들이 세상을 바꿉니다.

성폭력 교육 18

데이트 폭력에 대하여

◇ ◇ ◇

3장에서 언급했던 데이트 폭력(최근 해외에서는 좀 더 의미를 정확하게 하기 위해 '파트너 폭력'이라는 용어를 쓰기도 하지요.)에 대해서도 여기서 좀 더 설명드리려고 합니다. 특히 10대인 딸을 두신 부모님들은 주의 깊게 읽어 보시기 바랍니다.

데이트 폭력이 성폭력의 한 종류인 것은 아닙니다. 일종의 교집합 관계라고 표현하면 적절할 것 같네요. 데이트 폭력은 감금, 구타, 성폭력 등의 신체적인 것과 폭언, 감시, 협박, 자해 등의 정서적인 것으로 나뉩니다. 즉, 데이트 폭력 중에 성폭력인 경우도 있고 성폭력 중에 데이트 폭력인 경우도 있는 셈입니다. 그럼에도 여기서 함께 다루는 것은 많은 여성이 데이트 폭력으로 고통

받고 있고 그중 상당수가 성폭력이 동반되기 때문입니다.

여성도 성폭력의 가해자가 될 수 있듯이, 데이트 폭력의 가해자 중에는 여성도 있습니다. 하지만 심각한 구타나 성폭력을 동반하는 데이트 폭력의 경우, 극히 예외를 제외하고는 남성이 가해자이고 여성이 피해자입니다.

데이트 폭력을 대하는 사회적 시선은 성폭력과 비슷합니다. 피해자 탓하기인 것이지요. 데이트 폭력의 피해자는 주위 사람들로부터 '네가 남자 친구한테 먼저 뭘 잘못한 것이 아니냐.'라는 시선에 시달립니다. 맞을 짓을 했으니 맞는 거다, 라는 논리라고나 할까요.

데이트 폭력을 막기 위한 근본적인 대책도 성폭력과 비슷합니다. 피해자가 데이트 폭력을 피하는 완벽한 예방법 같은 것은 존재하지 않습니다. 부모님이 데이트 폭력을 미리미리 막아 줄 수도 없습니다. 그래서 데이트 폭력에서도 가해자 방지만이 진짜 해결책이 될 수 있습니다.

부모님들이 "그래도 이런 걸 아이에게 가르쳐 주면 데이트 폭력을 피하는 데 도움이 된다 하는 게 있나요?"라고 물어보신다면 저는 주체성 교육이라고 말씀드립니다. 성적 주체성을 가진 딸일수록 데이트 폭력의 성향을 보이는 남성에게 매력을 느끼지 않고, 데이트 폭력을 경험했을 때 즉각 문제 제기를 하고 주위에 도움을 요청할 가능성이 높습니다.

아이가 데이트 폭력을 당하고 있다면 그 구체적 양상에 따라 대처 방법이 달라질 겁니다. 성폭력까지 가지는 않았다면 학교 폭력으로 다뤄야 할 수 있습니다. 학교에 알리고 학교폭력대책자치위원회(학폭위)의 절차를 밟는 것입니다. 성폭력까지 갔다면 앞에서 말씀드린 성폭력 대처법을 따르시면 됩니다. 1366이나 112에 신고하고 해바라기센터와 경찰의 도움을 받는 것입니다. 어떻게 대처해야 할지 혼동되실 때는 일단 여성 긴급 전화인 1366에 연락해 상담을 받으실 것을 권해 드립니다.

성폭력 교육 19

피해자에서 생존자로, 생존자에서 경험자로

◇ ◇ ◇

앞서 '생존자'라는 표현을 소개해 드렸지요. 이 말은 한국 성폭력 상담소에서 2003년에 연 '생존자 큰 말하기 대회'에서 시작되었습니다. 피해자도 당당하게 내 목소리를 내겠다는 용기 있는 선언이었던 셈입니다.

최근 들어 미투 운동을 계기로 또 하나의 표현이 대두되고 있습니다. 바로 '경험자'입니다. 경험자, 말 그대로 경험해 본 사람이라는 것이지요. 국어사전을 보면 경험자에 대해 '어떤 일을 실제로 해 보거나 겪어 본 적이 있는 사람'이라고 정의하고 있습니다.

살아가면서 크고 작은 성추행, 성폭력을 경험해 보지 않은 여성이 거의 없다고 해도 과언이 아닙니다. 저 역시 그중 한 명이고, 이 책을 읽는 독자분들 중에도 많을 겁니다. 하지만 경험자란 단순히 성폭력을 경험해 보았다는 단순한 의미가 아닙니다.

그토록 많은 피해자들이 성폭력을 경험했음에도 피해자들은 그동안 쉬쉬해 왔습니다. 사회적으로 낙인찍힐까 걱정되고, 가해자에게 도리어 보복을 당할까 봐 두려웠기 때문입니다. 그러다 미투 운동이 일어났지요. 한 명의 피해자가 용기를 내어 자신의 경험을 공개하자 다른 피해자, 또 다른 피해자가 잇따라 나섰습니다. 그래서 '나도 피해자다.' 또는 '나도 고발한다'라는 의미로 이름도 미투(me too) 운동이 된 것이잖아요.

한 명의 피해자가 나섰을 때 그 피해자를 바라보는 사회적 시선은 여전했습니다. 하지만 다른 피해자들이 줄줄이 계속 나서고, 이곳저곳에서 자꾸만 새로운 피해자들이 등장하자 세상이 뒤늦게 반응하기 시작했습니다. 이제 미투 운동은 기존의 거대한 억압과 편견에 균열을 내는 하나의 사회적 흐름으로 여겨지고 있습니다. 이제는 피해자와 연대한다는 '위드유(with you)'운동도 퍼져 나가고 있습니다.

'경험자'에는 이렇게 자신의 성폭력 경험을 드러내면서 다른 피해자들과 힘을 모은다는 의미가 담겨 있습니다. 생존자라는 표현이 피해자 개인이 움츠러들지 않고 적극적으로 살아가겠다는 의미라면, 경험자라는 표현은 피해자들의 사회적 연대의 의미를 담고 있다고 보시면 됩니다.

제가 5부를 시작하며 성폭력과 관련해 성교육에서 가장 중요한 개념은 용기라고 말씀드렸잖아요. 경험자임을 내세우는 것은 성폭력 피해자들이 개별적으로 용기를 내는 것에서 한 걸음 더 나아가 서로서로 용기를 북돋우는 것이자 용기를 키우는 것이라고 해석할 수도 있겠습니다.

무엇보다도 부모님이 먼저 경험자로서 목소리를 내거나 경험자들에게 응원과 지지를 보내 주세요. 위드유가 있어야 미투도 존재합니다. 미투만큼이나 위드유도 큰 힘이 되어야 합니다. 부모님의 그러한 모습을 보며 아이 역시 그렇게 할 수 있는 힘을 가지게 될 것입니다.

특히 성폭력 피해자 분이 이 책을 읽고 있다면 '외상후 트라우마'을 넘어서는 '외상후 성장'이라는 개념도 있음을 인지하시고 이 책을 통해 '외상후 성장'으로 거듭나시길 바랍니다. 그런 의미에서 저는 피해자분들과 함께 '외상후 성장 교육센터'를 운영하고 싶은 꿈도 있습니다.

기존과 다른 여성 캐릭터가 나오는 어린이책 소개

<종이 봉지 공주>

로버트 먼치 글 | 마이클 마르첸코 그림 | 김태희 옮김 | 비룡소

동화책에 나오는 공주 하면 어떤 스토리가 떠오르시나요? 예쁜 얼굴에 치렁치렁한 드레스를 입은 공주가 여차저차해서 왕자와 결혼하게 된다는 내용이 떠오르시지요? 지금까지 우리는 그런 공주들을 참 많이도 만났으니까요.

하지만 이 책의 주인공인 엘리자베스 공주는 전혀 다른 모습을 보여 줍니다. 처음에는 똑같은 공주인 것 같습니다. 그러다 무서운 용이 나타나 왕자를 잡아갑니다. 네, 공주가 아니라 왕자를 말입니다. 엘리자베스 공주는 왕자를 구하러 직접 나섭니다. 공주가 왕자를 재치 있게 구하는 과정부터 마지막의 반전까지, 어른이 보아도 참 재미있고 공주가 대단하다는 생각이 듭니다. 평소 공주 이야기를 좋아하는 아이와 함께 보시며 진정으로 공주다운 모습이란 무엇일까 이야기를 나누어 보세요.

<치마를 입어야지 아멜리아 블루머>

섀너 코너 글 | 체슬리 맥라렌 그림 | 김서정 옮김 | 아이세움

아멜리아 블루머는 1800년대 미국에서 활동한 여성 언론인입니다. 당시 여성들은 투표권조차 가지고 있지 못했지요. 당연히 옷차림도 자유롭지 못했어요. 그 무렵 미국에서 여성들은 몸에 꽉 끼는 코르셋에다 겹겹이 속치마를 껴입는 등 불편한 옷차림을 해야 했습니다. 그런 상황에서 아멜리아 블루머는 스스로 착안한 편하고 실용적인 옷차림을 하고 다니기 시작합니다. 책 제목대로 사람들은 "치마를 입어야지." 하고 말하지만 아멜리아 블루머는 아랑곳하지 않고 자신이 하고 싶은 대로 행동합니다.

요즘은 여성들이 치마든 바지든 선택해서 입을 수 있으니 자유롭다고 말할 수 있을까요? 글쎄요, 최근 탈코르셋 운동이 벌어진 것을 보면 여전히 많은 여성이 사회로부터 여성스럽게 입어야 한다는 압박을 받고 있음을 알 수 있습니다.

이렇게 오늘날과 비교해 가며 아이에게 질문을 해 보세요. 평소 예쁘장한 옷에 대한 집착이 강한 아이라면 함께 생각해 볼 거리가 더 많겠지요.

<빅 마마, 세상을 만들다>

필리스 루트 글 | 헬린 옥슨버리 그림 | 이상희 옮김 | 비룡소

세계 주요 종교의 신은 모두 남성의 모습을 하고 있습니다. 특히 개신교와 천주교 등 기독교에서는 신을 아버지라고 지칭하기도 합니다. 그렇다면 이런 의문이 들지 않습니까? 어머니 신은 없나 하는 의문 말입니다.

이 책의 주인공인 빅 마마는 바로 그런 존재입니다. 이름 그대로 '마마'입니다. 그녀는 어린 아기를 돌보는 엄마거든요. 빅 마마는 주부이기도 합니다. 빨래도 하고 설거지도 해요. 엄마이자 주부의 마음과 솜씨로 빅 마마는 세상을 하나하나 창조해 나갑니다. 자신이 창조한 것들을 애정 어린 눈길로 내려다보며 "훌륭하구나. 훌륭해." 하는 빅 마마를 보다 보면 절로 그녀의 신도가 되고 싶은 기분입니다.

물론 왜 여성 신은 꼭 아이를 돌보고 집안일을 끼고 있어야 하느냐는 의문을 제기할 수도 있겠습니다. 하지만 여자 일이라고 폄훼되는 육아 노동, 가사 노동의 가치를 인정했다고 평할 수도 있겠지요. 이런 생각들을 포함해서 아이와 이야기를 나누어 볼 수 있을 것입니다.

<백만장자가 된 백설공주>

로알드 달 글 | 퀜틴 블레이크 그림 | 조병준 옮김 | 베틀북

기존의 전래 동화를 비틀어 새롭게 해석한 일종의 패러디 동화집입니다. 모두 여섯 편의 이야기가 실려 있는데 그중 〈신데렐라는 왕자를 싫어해〉, 〈백만장자가 된 백설공주〉, 〈빨간 모자와 모피 코트〉는 기존의 여성 캐릭터와 다르다는 점에서 흥미롭지요.

표제작이기도 한 〈백만장자가 된 백설공주〉에서 주인공인 백설공주는 자신을 죽이려는 계모를 피해 도망칩니다. 그러다 난쟁이들의 집에서 일하게 되는데, 이 난쟁이들은

착하지만 경마에 빠져 돈을 자주 잃습니다. 백설공주는 꾀를 내어 궁전에서 거울을 훔쳐 나오지요. 과연 백설공주는 어떻게 돈을 벌까요?
전래 동화는 오래전부터 이어져 오다 보니 여성과 관련해 구습적인 질서를 담고 있는 경우가 많습니다. 하지만 그렇다고 아이가 전래 동화를 보지 않게 막을 수도 없는 노릇이에요. 막아 보았자 아이는 유치원, 또래 친구들, 미디어를 통해 어차피 전래 동화를 접하게 될걸요. 그렇다면 본문에서 말씀드린 대로 부모님이 직접 전래동화를 이리저리 바꿔 가며 아이에게 들려주고 생각을 나누어 보세요. 아이에게 스스로 원하는 대로 바꿔 보라고도 해 보시고요.

<공주님의 아주 특별한 여행>

스밀자나 코 글, 그림 | 차정은 옮김 | 단추

이 작품 역시 패러디 동화로 분류할 수 있습니다. 전래 동화에 나오는 공주들의 기존의 모습과 새로운 모습을 비교해 보는 재미를 주지요.
안토니아 공주는 화려한 장난감들에 둘러싸여 있지만 외롭기만 합니다. 친구 공주들과 함께 놀고 싶어도 그럴 수가 없거든요. 신데렐라는 청소하느라 바쁩니다. 라푼젤은 성안에 갇혀 있습니다. 잠자는 숲 속의 공주는 잠에 취해 피곤해합니다. 참다못한 안토니아 공주는 친구 공주들을 밖으로 데리고 나가 숲으로 여행을 갑니다. 여행에서 돌아온 이후 공주들의 삶은 달라집니다.
이 책에 왕자는 전혀 등장하지 않습니다. 오로지 공주 개개인의 삶과 용기, 그리고 변화에 집중하지요. 공주들은 왕자를 기다리지 않고 서로가 서로를 구원한 것입니다.
그래서 이 작품은 아이와 함께 여성의 주체성에 대해 이야기하기에 참 좋습니다. 주체성이라는 단어의 개념을 어려워하는 아이라도 이 이야기를 따라가다 보면 주체성을 이해하게 될 겁니다.

<헌터걸 : 거울 여신과 헌터걸의 탄생>

김혜정 글 | 윤정주 그림 | 사계절

이번에는 우리나라 작품을 소개할게요. 제목에서부터 걸크러시가 느껴지는 작품입니다. 전사 하면 남자가 떠오르실 거예요. 그래서 여전사라는 말은 있어도 남전사라는 말은 없잖아요. 전사는 기본적으로 남자라는 전제가 깔려 있는 셈이지요. 그런데 이 작품에서 전사는 어린 소녀입니다. 주인공 강지는 자신이 헌터걸이라는 특별한 능력자의 운명을 타고났음을 알게 되고, 처음에는 거부하다가 결국 자신의 운명을 의연히 받아들입니다. 그리고 헌터걸로 거듭나, 아이들을 노리는 나쁜 어른에게 응징을 가하지요.
이런 종류의 이야기에서 대개 여자아이는 주인공의 친구이거나, 주인공의 도움을 받는 존재에 머물지요. 그래서 헌터걸의 활약이 더욱 통쾌하게 느껴집니다. 아이에게 자신이 헌터걸이라면 무엇을 하고 싶은지 물어보세요.

<힐다의 모험 스토리북> 시리즈

루크 피어슨 글, 그림 | 이수영 옮김 | 찰리북

제목에서부터 '힐다라는 이름을 가진 여자아이의 모험 이야기구나.' 하는 것이 느껴지시지요? 바로 앞서 소개한 헌터걸이 전사라면 힐다는 모험가입니다. 힐다 역시 스스로를 모험가라고 여기지요. 산으로 들로 쏘다니고 빗속에서 캠핑을 하고 낯선 것에 호기심을 보입니다. 정말 당차고 씩씩합니다.
시리즈물이긴 하지만 각 이야기가 독립되어 있어 따로 보아도 좋습니다. 힐다는 들판을 돌아다니다가 무시무시한 트롤에게 쫓기기도 합니다. 산보다도 더 큰 거인이 친구를 찾고 있는 것을 알고 도와주기도 합니다.
많은 여자아이들이 커 가면서 소위 여성스러움에 맞추어 스스로의 행동을 제약합니다. 정말 안타까운 일입니다. 그래서 아이들에게 힐다가 일종의 롤모델이 되어 줄 수 있을 거예요. 아이들 스스로 일상에서 힐다와 같은 모험 정신을 발휘하는 것이지요. 힐다의 모험 이야기를 함께 읽고 평소에 어떤 모험을 해 보고 싶은지 아이가 상상해 보도록 해 주세요.

성교육 추천 도서 소개

<엄마와 함께 보는 성교육 그림책> 시리즈
1. 내 동생이 태어났어 2. 나는 여자, 내 동생은 남자 3. 소중한 나의 몸

정지영, 정혜영 글그림 | 비룡소

아이는 어떤 과정을 통해 생겨나는지, 여자와 남자는 어떤 신체적 차이가 있는지, 소중한 몸을 지키는 방법으로는 무엇이 있는지 알려 주는 그림책입니다. 제목에 '엄마와 함께 보는'이라는 표현이 있는데, 물론 아빠와 함께 보아도 좋습니다.

<슬픈 란돌린>

카트린 마이어 글 | 아네트 블라이 그림 | 허수경 옮김 | 문학동네어린이

아이가 성폭력을 당했을 때 용기 내어 도움을 청하도록 가르쳐 주는 그림책입니다. 주인공 브리트의 새아빠는 브리트의 몸을 함부로 만질 뿐 아니라 아무에게도 말하지 말라고 겁을 줍니다. 브리트는 자신의 인형 란돌린에게만 이 고민을 털어놓습니다. 란돌린은 너무 화가 나 "넌 인형이 아냐! 넌 아저씨의 장난감이 아냐!" 하고 말하게 됩니다. 결국 브리트는 이웃집 아주머니를 찾아가 비밀을 털어놓고 도움을 받게 됩니다. 아이에게 자신이 브리트라면, 또는 란돌린이라면 어떻게 행동할지 생각해 보라고 하세요.

<좋아서 껴안았는데, 왜?>

이현혜 글 | 이효실 그림 | 천개의바람

성교육을 자기결정권 차원에서 다룬 그림책입니다. 준수는 같은 반 여자 친구 지아를 껴안았다가 지아가 화를 내자 당황해합니다. 이를 계기로, 준수는 모든 것에는 각자의 영역을 구분해 주는 경계가 존재하며, 그 경계를 함부로 넘어서는 안 된다는 것을 알게 됩니다. 독자들은 경계라는 개념을 통해 자신의 몸도, 다른 사람의 몸도 당사자의 결정을 존중해야 한다는 점을 이해할 수 있습니다. 아이와 함께 경계가 적용되는 여러 경우를 이야기해 보세요.

<이럴 땐 싫다고 말해요!>

마리 프랑스 보트 글 | 파스칼 르메트르 그림 | 홍은주 옮김 | 문학동네어린이

성폭력이 일어날 수 있는 위험한 상황일 때 어떤 행동을 취해야 할지를 알려 주는 그림책입니다. 주인공 미미와 고슴도치 가스통은 낯선 아저씨가 부르는 상황, 친구가 위험에 빠진 상황 등 다양한 상황에서 당당하게 "싫어요!"라고 외칩니다. 책에 등장하는 상황을 실제로 가정해 보며 아이에게 "싫어요."라고 말하는 것을 훈련시키도록 하세요.

<성교육을 부탁해>

이영란 글 | 강효숙 그림 | 풀과바람

사춘기 몸의 변화부터 젠더 문제까지 폭넓게 다룬 어린이책입니다. 2차 성징을 맞은 아이가 일상생활에서 겪을 수 있는 일을 동화 형식으로 들려주고, 그와 관련된 지식을 구체적으로 설명해 줍니다. 다양한 성 지식이 어린이의 눈높이에 맞추어 나와 있고, 성 역할에 대해서도 스스로 생각해 보도록 합니다. 아이가 혼자 읽어도 좋지만, 부모님도 같이 읽고 이야기를 나누시면 더욱 좋겠지요.

<성교육 상식사전>

'인간과 성' 교육연구소 글 | 다카야나기 미치코 엮음 | 남동윤 그림 | 김정화 옮김 | 길벗스쿨

다양한 성 지식을 그림 백과사전 형식으로 담은 어린이책입니다. 몸의 구조 및 2차 성징과 관련된 지식들이 간결하면서도 사실적인 일러스트와 함께 소개되어 있습니다. 사춘기의 심리적 변화와 성병, 음란물 등도 다루고 있습니다. 처음부터 끝까지 죽 읽어도 좋고, 성에 대해 궁금한 것이 있을 때마다 찾아보며 읽어도 좋습니다.

성폭력 신고 전화

<성폭력 상담>

여성긴급전화 1366 www.seoul1366.or.kr

한국성폭력상담소 02-338-2890 www.sisters.or.kr

한국여성민우회성폭력상담소 02-335-1858 www.womenlink.or.kr

<해바라기센터 - 위기지원형>

서울동부 02-3400-1700 www.smonestop.or.kr

서울남부 02-870-1700 www.smsonestop.or.kr

부산동부 051-501-9117 www.bsonestop.or.kr

대구 053-556-8117 www.tgonestop.or.kr

인천동부 032-582-1170 www.iconestop.or.kr

인천북부 032-280-5678 www.icnonestop.or.kr

광주 062-225-3117 www.gjonestop.or.kr

경기북동부 031-874-3117 www.ggnonestop.or.kr

경기서부 031-364-8117 www.ggwsunflower.or.kr

충북 043-272-7117 www.cbonestop.or.kr

충남 041-567-7117 www.cnonestop.or.kr

전북 063-278-0117 www.jb-onestop.or.kr

전남동부 061-727-0117 www.jnonestop.or.kr

경북북부 054-843-1117 www.gbonestop.or.kr

경북서부 054-439-9600 www.sbonestop.or.kr

경남 055-245-8117 www.gnonestop.or.kr

<해바라기센터 - 아동형>

서울 02-3274-1375 www.child1375.or.kr

대구 053-421-1375 www.csart.or.kr

인천 032-423-1375 www.sunflowericn.or.kr

광주 062-232-1375 www.forchild.or.kr

경기 031-708-1375 www.sunflower1375.or.kr

충북 043-857-1375 www.helpsunflower.or.kr

전북 063-246-1375 www.jbsunflower.or.kr

경남 055-754-1375 www.savechild.or.kr

<해바라기센터 - 통합형>

서울 본관 02-3672-0365 www.help0365.or.kr

서울중부 02-2266-8276(준비 중)

서울북부 02-3390-4145 www.snsunflower.or.kr

부산 051-244-1375 www.pnuh.or.kr/sunflower

대전 042-280-8436 www.djsunflower.or.kr

울산 052-265-1375 www.ussunflower.or.kr

경기남부(거점) 031-217-9117 www.ggsunflower.or.kr

경기북서부 031-816-1375 www.gnwsunflower.or.kr

강원서부 033-252-1375 www.gwsunflower.or.kr

강원동부 033-652-9840 www.savechild.or.kr

전남서부 061-285-1375 www.jnsunflower.or.kr

경북동부 061-285-1375 www.gbsunflower.or.kr

제주 064-749-5117 www.jjonestop.or.kr

*** 위기지원형은 수사와 의료를 비롯한 피해자 긴급지원을 중심으로, 아동형은 19세 미만 아동의 심리치료를 중심으로 운영됩니다. 통합형은 이 둘이 합쳐져 있습니다.

당차고 용기 있게
딸 성교육 하는 법

초판 1쇄 인쇄 2018년 7월 30일

개정판 1쇄 발행 2021년 9월 24일
개정판 2쇄 발행 2022년 5월 18일
개정판 3쇄 발행 2024년 3월 7일

글 손경이 그림 최지애
펴낸이 김선식

부사장 김은영
콘텐츠사업본부장 박현미
콘텐츠사업7팀장 김단비 콘텐츠사업7팀 권예경, 이한결, 남슬기
마케팅본부장 권장규 마케팅1팀 최혜령, 오서영, 문서희 채널1팀 박태준
미디어홍보본부장 정명찬 브랜드관리팀 안지혜, 오수미, 김은지, 이소영
뉴미디어팀 김민정, 이지은, 홍수경, 서가을, 문윤정, 이예주
크리에이티브팀 임유나, 박지수, 변승주, 김화정, 장세진, 박장미, 박주현
지식교양팀 이수인, 염아라, 석찬미, 김혜원, 백지은
편집관리팀 조세현, 백설희, 김호주 저작권팀 한승빈, 이슬, 윤제희
재무관리팀 하미선, 윤이경, 김재경, 이보람, 임혜정
인사총무팀 강미숙, 지석배, 김혜진, 황종원
제작관리팀 이소현, 김소영, 김진경, 최완규, 이지우, 박예찬
물류관리팀 김형기, 김선민, 주정훈, 김선진, 한유현, 전태연, 양문현, 이민운

펴낸곳 다산북스 출판등록 2005년 12월 23일 제313-2005-00277호
주소 경기도 파주시 회동길 490 다산북스 파주사옥
전화 02-704-1724 팩스 02-703-2219 이메일 dasanbooks@dasanbooks.com
홈페이지 www.dasanbooks.com 블로그 blog.naver.com/dasan_books
용지 아이피피 인쇄 민언프린텍 코팅 및 후가공 제이오엘엔피 제본 다온바이텍

ISBN 979-11-306-4140-9 13590